gli SPILLI fissano le idee

W0302805

**Gli spilli fissano le idee**. Con questo slogan Alpha Test mette a disposizione una collana di libri tascabili, utili per lo studio e il ripasso delle principali materie di studio della scuola superiore e dei primi anni di università. Con oltre 150 titoli pubblicati, la collana offre strumenti di preparazione sintetici dedicati sia alle discipline scientifiche (Matematica, Fisica, Biologia, Chimica, Geometria, Scienze della Terra ecc.) sia a quelle umanistiche (Filosofia, Francese, Inglese, Latino, Letteratura Italiana, Storia, Storia dell'Arte, Tedesco ecc). Accanto alle tradizionali **sintesi**, sono disponibili anche i **glossari** (Biologia, Chimica, Anatomia, Diritto, Economia e finanza ecc.), le **monografie** (Storia della civiltà romana, Storia della I guerra mondiale, Storia degli Stati Uniti d'America, I diritti umani, Alimentazione, Evoluzione ed evoluzionismo, Lo sviluppo sostenibile, ecc.) e una serie di **eserciziari** (Esercizi di chimica 1 e 2, Esercizi di Matematica 1, 2 e 3, ecc.).
Realizzata con la collaborazione di insegnanti e docenti universitari, la collana è frutto dell'esperienza più che decennale maturata nei settori dell'orientamento e della formazione da Alpha Test, da sempre attenta alle esigenze degli studenti e ai cambiamenti che interessano da vicino il mondo della scuola, dell'università e della formazione in genere.

## GLI SPILLI

Oltre 100 volumi tascabili per il ripasso delle materie di studio delle scuole superiori e dei primi anni di università, adatti anche a soddisfare la curiosità del semplice appassionato.

## SAPERNE DI Più

Dalla storia alle arti, dalle scienze all'attualità, dalla filosofia ai grandi nomi di tutti i tempi: saggi monografici per la lettura e l'approfondimento, dedicati a fatti, idee e personaggi, per conoscere e per capire.

## ORIENTAMENTO

Guide aggiornate per la scelta degli studi post-diploma e per l'inserimento nel mondo del lavoro.

## ORIENTAMENTO strumenti

Guide per l'aggiornamento e l'attività didattica di insegnanti, orientatori e psicologi sui temi dell'orientamento e dei test a risposta multipla come nuova metodologia di valutazione.

## MATURITÀ

Volumi che raccolgono i temi d'esame della prova scritta dei licei scientifici, risolti e commentati

## TESTUNIVERSITARI

Manuali ed eserciziari specifici per la preparazione ai test di ammissione di tutte le facoltà universitarie.

## ESERCIZIARI PER L'UNIVERSITà

Volumi per prepararsi agli esami universitari di matematica, fisica, chimica e algebra lineare di tutte le facoltà scientifiche, dei Politecnici e degli altri corsi che prevedono esami di queste discipline.

## DOPO LA LAUREA

Guide aggiornate con informazioni a tutto campo, utili per inserirsi con soddisfazione nel mondo del lavoro. Ogni volume è dedicato specificamente agli sbocchi occupazionali delle diverse aree di studio.

## TESTMILITARI

Manuali ed eserciziari dedicati a chi deve sostenere prove selettive nell'ambito militare.

## TESTPROFESSIONALI

Oltre 40 manuali ed eserciziari per prepararsi alle prove di selezione previste per l'accesso e l'abilitazione a specifiche professioni (promotore finanziario, notaio, infermiere ecc.).

## LAVORO E CARRIERE

Guide pratiche e informative di supporto allo svolgimento delle diverse professioni.

## CONCORSI ED ESAMI

Volumi monodisciplinari con teoria ed esercizi per prepararsi alle prove scritte e orali dei concorsi pubblici e degli esami universitari.

## PASSEPARTOUT

Volumi monodisciplinari utili per la preparazione ai test di concorsi pubblici, selezioni aziendali, concorsi dell'Unione Europea, concorsi militari, ammissione all'università e ai master.

## METEO

Collana curata dal colonnello Mario Giuliacci realizzata in collaborazione con professionisti del settore e composta da volumi di meteorologia, che coniugano l'approccio divulgativo con il rigore scientifico.

## LEGGI LEGGERE

Volumi specificamente destinati ad insegnare come tutelare i propri diritti di: consumatori, lavoratori e cittadini.

## I NUOVI CODICI

Codici innovativi per il contenuto e per il formato. Rappresentano un utile strumento per i professionisti del diritto, studenti e candidati a concorsi pubblici. Sempre aggiornati, si caratterizzano anche per la raccolta di indirizzi internet relativi a leggi e sentenze presenti sul web.

## FAMILY DOCTOR

Collana che informa in modo semplice e preciso tutti coloro che hanno interesse a comprendere meglio i problemi legati alla salute.

# Fisica 2

Edizioni
Alpha Test

Via Mercalli 14, 20122 Milano (Italy)
Tel. 02 5845 98 1 – fax 02 5845 9896
www.alphatest.it
servizi@alphatest.it



**ISBN 13 cifre: 978-88-483-0040-7**

Ristampa:
13 12 2011

Progetto grafico, composizione e impaginazione: Alpha Test S.r.l., Milano
Copertina di Marina Ilacqua e Elisabetta Ronchi

Stampato da Arti Grafiche Franco Battaia S.r.l., Zibido San Giacomo (MI)
per conto di Alpha Test S.r.l.

# INDICE

# FISICA 2

La Fisica è una materia studiata in quasi tutte le scuole di ogni ordine e grado e nella maggior parte dei casi viene affrontata anche nell'ultimo anno della scuola media superiore. Questo significa che essa non è solo oggetto di interrogazioni e verifica durante l'anno scolastico, ma anche materia d'esame nella terza prova scritta e nel colloquio della nuova maturità. Questo volume si propone come strumento di ripasso completo e chiaro su tutti gli argomenti previsti dal programma.

Di grande utilità è anche il formulario finale, che riprende i concetti più importanti della fisica prevista dai programmi ministeriali.

In questo volume vengono trattati in forma chiara e sintetica i seguenti argomenti:

- termologia;
- gas perfetti e gas reali;
- termodinamica;
- onde;
- suono e luce;
- ottiva geometrica.

Il volume è inoltre completato da numerosi disegni e diagrammi, nonché da oltre 100 tra esercizi e test di verifica totalmente commentati e svolti.

Per completare e approfondire la preparazione alla materia oggetto di questo libro, Alpha Test ha pubblicato, nella stessa collana, i volumi: *Fisica 1*; *Fisica 3*; *Esercizi di Fisica 1*; *Esercizi di Fisica 2*; *Esercizi di Fisica 3*; *Formulario di Fisica*; *Glossario di Fisica*; *Storia dei modelli atomici*; *La relatività ristretta*; *Energia nucleare*.

Saranno molto gradite e apprezzate le osservazioni dei lettori che possono essere inviate al seguente indirizzo:

---

Alpha Test S.r.l.
via Mercalli, 14 – 20122 Milano
tel. 025845981 – fax 0258459896
e-mail: servizi@alphatest.it

---

Allo stesso indirizzo si può richiedere il catalogo completo e gratuito dei libri Alpha Test.

Le informazioni aggiornate sui libri editi da Alpha Test sono disponibili anche su Internet all'indirizzo http://**www.alphatest.it.**

## Simboli utilizzati nel testo

Definizioni

Osservazioni e concetti importanti

Esempi e applicazioni

Esercizi svolti

Test di verifica

# 1 TERMOLOGIA E GAS PERFETTI

## 1.1 Sistema termodinamico

Un sistema termodinamico è costituito da una quantità fissata di un fluido omogeneo (gas) e il suo *stato termodinamico* è determinato dai valori delle grandezze *pressione*, *volume* e *temperatura* del gas.

Nella figura a lato, è mostrato un esempio di sistema termodinamico, dotato di strumenti per le misure di temperatura (T), pressione (M), volume (S).

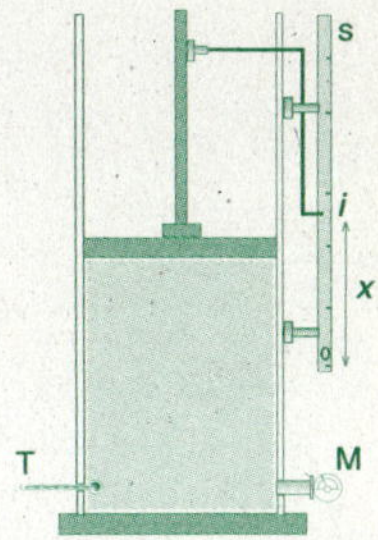


Un sistema termodinamico può essere:

**isolato**, non scambia né materia né energia con l'ambiente;

**chiuso**, scambia energia ma non materia con l'ambiente;

**aperto**, scambia materia ed energia con l'ambiente.

Se in un sistema non avviene nessun cambiamento (cioè se pressione, temperatura, volume, composizione chimica ecc. rimangono costanti) il *sistema* si dice *in equilibrio termodinamico*.

Lo *stato termodinamico* di un sistema è uno stato di equilibrio definito tramite i valori delle *funzioni di stato* che sono indipendenti dal modo in cui lo stato stesso viene raggiunto: le *funzioni di stato non hanno memoria* del cammino seguito dal sistema per giungere a tale stato.

Quando un sistema termodinamico evolve dallo stato A allo stato B, i valori delle sue funzioni di stato in A e B non dipendono dal cammino seguito dal sistema per passare da A a B.

Le funzioni di stato, o variabili di stato, si distinguono in:

- *variabili estensive* come il volume e il numero di moli; sono additive e dipendono dalle dimensioni del sistema;
- *variabili intensive* come la temperatura e la pressione; non sono additive e non dipendono dalle dimensioni del sistema.Quando un sistema termodinamico evolve dallo stato A allo stato B, i valori delle sue funzioni di stato in A e B non dipendono dal cammino seguito dal sistema per passare da A a B.

Per un gas le funzioni di stato principali sono: pressione, volume, temperatura, energia interna ed entropia.

La pressione di una forza su una superficie è definita come il rapporto tra la forza normale alla superficie e la superficie stessa e si misura nel Sistema Internazionale in Pascal.

Valgono le equivalenze:

$$\mathbf{1\ atm = 760\ mm\ Hg = 1{,}01325\ bar = 101325\ Pa \approx 10^5\ Pa = 10^5\ N/m^2}$$

Il volume occupato dal sistema si misura in metri cubi e si ha:

$$\mathbf{Un\ litro = 1\ l = 1\ dm^3 = 10^{-3}\ m^3}$$

L'energia interna e l'entropia vengono definite nel prossimo capitolo. Si introduce ora il concetto di temperatura.

## 1.2 Temperatura

La temperatura di un corpo ne esprime lo stato termico ed è un indice della tendenza del calore ad abbandonare il corpo. Temperatura e calore sono concetti ben diversi: la prima è una misura, un indice, mentre il secondo è un'energia. Se la temperatura di un corpo è alta non significa necessariamente che il corpo possiede molto calore, ma che possiede un'alta tendenza a cedere quello che ha.

Esistono diverse scale termometriche:

*scala centigrada* o *Celsius*
*scala Farenheit*
*scala assoluta*

La prima prende come punti di riferimento la fusione del ghiaccio e l'ebollizione dell'acqua in condizioni standard (§ 1.4.1): si tratta di una *scala convenzionale.*

La scala Farenheit segna come 0 °F la temperatura più bassa raggiungibile con una miscela ghiaccio-cloruro di ammonio (corrispondente a circa – 18 °C) e come 100 °F la temperatura media del corpo umano.

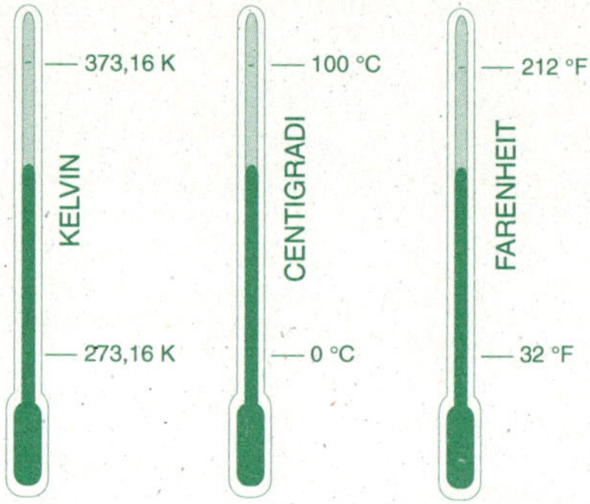


La scala assoluta (la cui unità di misura è il kelvin) è definita in base alla teoria cinetica dei gas: prende come riferimento l'estremo inferiore delle temperature raggiungibili in natura, dandole il valore 0 K; per questo non è una scala convenzionale, ma assoluta.

**Lo zero kelvin rappresenta il limite inferiore delle temperature raggiungibili in natura. Non esistono temperature kelvin negative.**

Per passare da una scala termometrica all'altra si utilizzano le seguenti relazioni:

$$T_F = 9/5\ T_C + 32 \qquad T_K = T_C + 273{,}16 \qquad T_F = 9/5\ T_K - 459{,}6$$

**Esprimere in kelvin e in farenheit la temperatura di 20 °C.**
20 °C corrispondono a (20 + 273,16) K = 293,16 K
20 °C corrispondono a (9/5 · 20 + 32) °F = 68 °F

**Se la differenza tra le temperature di due corpi è di 1 °C, questa è anche di 1 K: un grado centigrado è identico a un kelvin; le due scale sono solo traslate l'una rispetto all'altra di 273,16 gradi.**

La temperatura più bassa che sia mai stata registrata sulla Terra è di – 92 °C in Antartide; la più alta è stata di 57 °C nella Valle della Morte negli Stati Uniti.

La temperatura non ha limiti superiori: sulla superficie del Sole si raggiungono le migliaia di gradi celsius, mentre al suo interno si superano i milioni di gradi.

Gli strumenti utilizzati per misurare la temperatura sono i *termometri*: un esempio è costituito da un capillare di vetro, dove un liquido, di solito mercurio, può dilatarsi e salire a seconda della temperatura. Questo strumento sfrutta la tendenza di tutti i materiali a cambiare il proprio volume a seconda della temperatura. Si parla di *dilatazioni termiche*.

## 1.3 Dilatazione termica

L'esperienza mostra che il volume di un corpo solido, liquido o aeriforme, aumenta con l'aumentare della temperatura. Questo fenomeno prende il nome di *dilatazione termica* ed è una proprietà comune alla stragrande maggioranza dei materiali. Si ha una dipendenza lineare tra il volume della sostanza e la temperatura, data dalla legge:

$$V_t = V_0 \cdot (1 + \mathrm{k} \cdot t) \qquad \text{dove} \begin{cases} t \text{ è la temperatura misurata in °C} \\ V_t \text{ è il volume del corpo alla temperatura } t \\ V_0 \text{ è il volume del corpo alla temperatura di 0 °C} \\ \mathrm{k} \text{ è il coefficiente di dilatazione termica del materia} \end{cases}$$

Il coefficiente k tiene conto dei diversi materiali e del loro stato di aggregazione. I suoi valori sono tabulati e li si suppone costanti al variare della temperatura.

Particolarmente interessante è il caso dell'acqua, il cui volume nell'intervallo di temperature da 0 °C a 4 °C tende a diminuire con l'aumentare della temperatura. Questo fa sì che il ghiaccio a 0 °C sia meno denso dell'acqua a 4 °C, permettendogli quindi di galleggiare.

Nel disegno a fianco è riportato l'andamento della densità dell'acqua in prossimità dello zero.

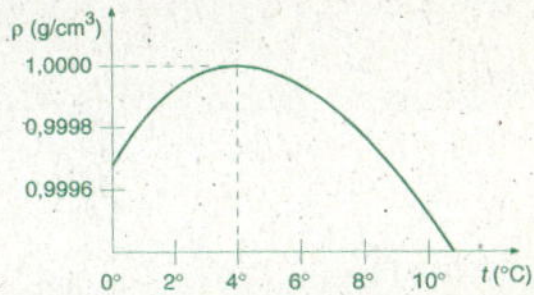


A seconda che la dilatazione coinvolga una, due o tre dimensioni, si parla di dilatazione lineare, superficiale o di volume.

Le leggi di dilatazione termica lineare, superficiale e volumetrica assumono la forma:

$$l_t = l_0 \cdot (1 + \gamma \cdot t) \qquad S_t = S_0 \cdot (1 + \beta \cdot t) \qquad V_t = V_0 \cdot (1 + \mathrm{k} \cdot t)$$

Si può dimostrare che $\mathrm{k} = 3\gamma$ e $\beta = 2\gamma$.

**Un binario di ferro è lungo 5 m a 0 °C. Sapendo che il coefficiente di dilatazione lineare del ferro è pari a $12 \cdot 10^{-6}$ °C$^{-1}$, quale sarà il suo allungamento se la temperatura sale di 50 °C?**

L'allungamento è dato da:

$$l_t - l_0 = l_0 \cdot (1 + \gamma \cdot t) - l_0 = l_0 \cdot \gamma \cdot t = 5 \text{ m} \cdot 12 \cdot 10^{-6} \frac{1}{°\text{C}} \cdot 50 \text{ °C} = 3 \text{ mm}$$

Questo è il motivo per cui tra due binari consecutivi si lascia sempre uno spazio opportuno.

### 1.3.1 Dilatazione termica dei gas

Anche per gli aeriformi vale l'espressione $V_t = V_0 \cdot (1 + \mathrm{k} \cdot t)$, con la particolarità che k diventa costante per qualunque tipo di gas. Il suo valore, trovato sperimentalmente, è:

$$\mathrm{k} = \alpha = \frac{1}{273{,}15} \text{°C}^{-1}$$

Non è un caso che il suo denominatore sia uguale in valore assoluto allo zero Kelvin; anzi è proprio da queste considerazioni sperimentali che Lord Kelvin fissò la sua scala.

Per tutti i gas vale quindi la **prima legge di Gay-Lussac** (o **legge di Charles**): la variazione di volume di un gas è proporzionale alla variazione di temperatura.

## 1.4 Gas ideali

È *ideale* (o *perfetto*) un gas che soddisfa le seguenti condizioni:

- le particelle che costituiscono il gas hanno volume proprio (*covolume*) nullo;
- fra le particelle non esistono interazioni a distanza;
- gli urti tra le particelle sono elastici.

Insieme alla prima legge di Gay-Lussac, i gas perfetti ubbidiscono alle seguenti leggi sperimentali:

- legge di **Boyle** $\xrightarrow{t = \text{costante}}$ $P \cdot V = \text{costante}$
- legge di **Charles** $\xrightarrow{P = \text{costante}}$ $V_t = V_0 \cdot (1 + \alpha \cdot t)$
- seconda legge di **Gay Lussac** $\xrightarrow{V = \text{costante}}$ $P_t = P_0 \cdot (1 + \alpha \cdot t)$

dove $\alpha = 1/273{,}15\,°C^{-1}$ ; $t$ è la temperatura espressa in °C; $V_0$ e $P_0$ sono rispettivamente il volume e la pressione del gas quando $t = 0$ °C .

Se la temperatura viene misurata in gradi Kelvin, la legge di Charles e quella di Gay-Lussac assumono la forma:

- legge di **Charles** $\xrightarrow{P = \text{costante}}$ $V_T = \alpha \cdot V_0 \cdot T$
- seconda legge di **Gay Lussac** $\xrightarrow{V = \text{costante}}$ $P_T = \alpha \cdot P_0 \cdot T$

Le tre leggi sono valide quando una delle tre funzioni di stato è costante.

### Equazione di stato dei gas perfetti

Le leggi viste si riassumono nell'equazione di stato dei gas perfetti che lega tra loro i valori delle funzioni di stato di un gas perfetto:

$$P \cdot V = n \cdot R \cdot T$$

dove:

- $T$ è la temperatura espressa in kelvin;
- $n$ è il numero di moli (nei problemi riguardanti i gas perfetti, la quantità di gas in esame viene in generale data come *numero di moli*, dove una mole è la quantità di gas il cui peso in grammi è numericamente pari al peso atomico o molecolare del gas);
- R è una costante detta costante di stato dei gas perfetti e ha un valore pari a:

$$R = 8{,}318 \frac{J}{K \cdot \text{mole}} = 0{,}082 \frac{\text{litri} \cdot \text{atm}}{K \cdot \text{mole}}$$

**Si calcoli la massa di ossigeno contenuta in un volume di 10 dm$^3$ alla temperatura di 27 °C e alla pressione di 30 atm.**

Il numero di moli di ossigeno contenute nel volume è pari a:

$$n = \frac{P \cdot V}{R \cdot T} = \frac{30 \text{ atm} \cdot 10 \text{ litri}}{0{,}082 \frac{\text{litri} \cdot \text{atm}}{K \cdot \text{mole}} \cdot 300 \text{ K}} = 12{,}2 \text{ moli}$$

con $T$ espressa in gradi kelvin. Poiché ogni mole di ossigeno ha una massa di 32 g, la massa totale di ossigeno è data da: $m = 12{,}2 \text{ moli} \cdot 32 \text{ g/mole} \approx 390 \text{ g}$

## 1.4.1 Legge di Avogadro

Volumi uguali di gas diversi nelle stesse condizioni di pressione e temperatura contengono un *ugual numero di molecole*.

**In condizioni normali una mole di qualunque gas occupa un volume di 22,4 litri e contiene 6,022 · $10^{23}$ molecole (numero di Avogadro).**

Per *condizioni normali* di un gas si intende: $\begin{cases} T = 0°C = 273,16\ K \\ P = 1\ atm = 760\ mmHg \end{cases}$

Per *condizioni standard* si intende invece: $\begin{cases} T = 25°C = 298,16\ K \\ P = 1\ atm = 760\ mmHg \end{cases}$

## 1.4.2 Pressioni parziali: legge di Dalton

Data una miscela di gas, la *pressione parziale* di ciascun gas della miscela è uguale alla pressione che quel gas eserciterebbe se occupasse da solo il volume occupato dall'intera miscela gassosa. Indicando con $P_q$ la pressione parziale del gas $q$-esimo si ha che:

$$P_1 = P \cdot \frac{n_1}{n}\ ;\ P_2 = P \cdot \frac{n_2}{n} \ldots\ P_q = P \cdot \frac{n_q}{n}$$

dove $n_q/n$ rappresenta la *frazione molare* del gas $q$-esimo e $P$ rappresenta la pressione totale della miscela. La pressione di una miscela gassosa è dunque uguale alla somma delle pressioni parziali dei singoli componenti.

## 1.4.3 Principali risultati della teoria cinetica dei gas

La pressione di un gas è determinata dagli urti delle singole molecole del gas contro le pareti del recipiente che lo contiene.

La temperatura di un gas è l'espressione macroscopica dell'agitazione delle molecole del gas chiamata *agitazione termica*. Tra la temperatura $T$ di un gas e l'*energia cinetica media* $\overline{E}_k$ delle sue molecole vi è una relazione di *diretta proporzionalità*; più precisamente si ha:

$$\overline{E}_k = \frac{1}{2}m\overline{v^2} = \frac{3}{2}KT \qquad [1.1]$$

dove:

- $T$ è la temperatura espressa in kelvin;
- $K = R/N_A = 1,38 \cdot 10^{-23} J/K$ è la costante di Boltzmann (con $N_A$ *numero di Avogadro* e R costante dei gas);
- la barra sulle grandezze energia e velocità al quadrato indicano il loro valore medio.

A parità di temperatura, le molecole più leggere (meno massive) si agitano con velocità maggiori di quelle più pesanti; è anche per questo motivo che sostanze diverse che si trovano alla stessa temperatura possono trovarsi in stati di aggregazione differenti.

**Se si raggiungesse la temperatura di 0 K, l'energia cinetica media delle molecole sarebbe nulla e le molecole si fermerebbero.**

Poiché l'energia cinetica è definita come prodotto di quantità mai negative (massa e velocità al quadrato), dalla [1.1] si deduce che la temperatura kelvin non può essere negativa, perché un suo valore negativo corrisponderebbe a un'energia cinetica negativa.

## 1.5 Gas reali

I gas reali, a differenza dei gas ideali, soddisfano almeno una delle seguenti condizioni:

- sensibili interazioni tra le molecole;
- urti non perfettamente elastici;
- covolume non trascurabile.

Per i gas reali l'equazione di stato $P \cdot V = n \cdot \mathrm{R} \cdot T$ è sostituita dall'*equazione di Van der Waals:*

$$\left(P + \frac{an^2}{V^2}\right) \cdot (V - nb) = n \cdot \mathrm{R} \cdot T$$

dove $b$ è il covolume e $a$ tiene conto delle interazioni tra le molecole. Si tratta di una legge empirica (ricavata sperimentalmente); i parametri in essa contenuti sono fortemente variabili in relazione al tipo di gas che si considera e si trovano tabulati sui testi di fisica.

Le interazioni tra le molecole sono dovute al fenomeno della coesione molecolare: forze attrattive esistenti tra molecole della stessa natura. Per effetto della coesione molecolare e del covolume, lo stato dei gas reali, rispetto a quello dei gas ideali, è caratterizzato, a parità di temperatura, da un valore più alto del volume e da un valore più basso della pressione. I termini $a$ e $b$ nell'equazione di Van der Waals descrivono proprio questa differenza di comportamento.

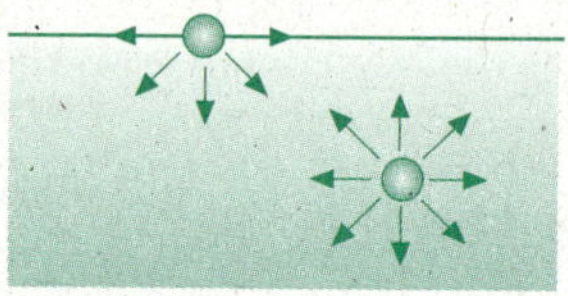

Rappresentazione delle forze di coesione su una molecola interna al gas e su una molecola al contorno.

## 1.6 Passaggi di stato

Per quanto visto nella teoria cinetica dei gas, fornendo calore a una sostanza, le sue molecole acquistano energia cinetica; vibrano quindi più velocemente e possono così vincere anche le forze di coesione che le tengono unite e che determinano lo stato di aggregazione. Fornendo calore a una sostanza è cioè possibile portarla a un diverso stato di aggregazione. Queste trasformazioni sono dette **cambiamenti di stato** o **passaggi di stato**. Nella figura seguente sono riportati tutti i possibili passaggi.

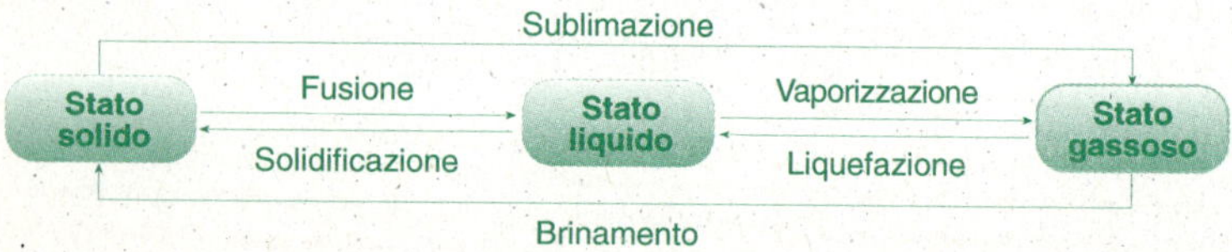


Nelle trasformazioni da sinistra a destra (→) occorre fornire energia al sistema mentre in quelle da destra a sinistra (←) il sistema dà energia all'esterno.

La liquefazione viene anche detta condensazione. La vaporizzazione si divide in evaporazione ed ebollizione.

I fenomeni di sublimazione e brinamento, per quanto meno frequenti, sono comunque presenti in natura: la brina che si forma d'inverno sull'erba e sulle foglie è dovuta al brinamento del vapore acqueo atmosferico che, a contatto con la superficie fredda, diventa ghiaccio senza passare dallo stato liquido.

### 1.6.1 Leggi dei passaggi di stato

- A parità di pressione, ogni sostanza subisce i propri cambiamenti di stato sempre alla stessa temperatura.
- Durante il cambiamento, la temperatura si mantiene costante.
- Ogni sostanza per cambiare il suo stato ha bisogno di una ben precisa quantità di calore per unità di massa, detta **calore latente** del cambiamento di stato.
- Le temperature e i calori latenti dei passaggi si trovano tabulati per ogni sostanza.

**Ogni passaggio di stato è caratterizzato dalla rottura e dalla formazione di legami chimici. Durante i cambiamenti di stato che richiedono energia dall'esterno, la temperatura del sistema rimane costante: il calore fornito al sistema è interamente dedicato alla rottura dei legami chimici e non all'aumento dell'agitazione termica delle molecole.**

Il calore acquistato o ceduto a una massa *m* di una sostanza perché cambi il suo stato di aggregazione è pari a:

$$Q = m \cdot \lambda$$

dove $\lambda$ è il calore latente del cambiamento, espresso in calorie/grammi (per la definizione di caloria, si veda il § 2.1).

Il calore latente di fusione dell'acqua vale $\lambda_f = 79{,}7 \text{ cal} \cdot \text{g}^{-1}$.
Il calore latente di evaporazione dell'acqua vale $\lambda_e = 540 \text{ cal} \cdot \text{g}^{-1}$.

**Si noti che per ogni sostanza il valore del calore latente cambia a seconda del tipo di trasformazione fatta o subita dalla sostanza.**

Nel grafico seguente viene analizzato il riscaldamento di una mole di acqua (a pressione atmosferica $P = P_0$) da $T = -20$ °C a $T > 100$ °C.

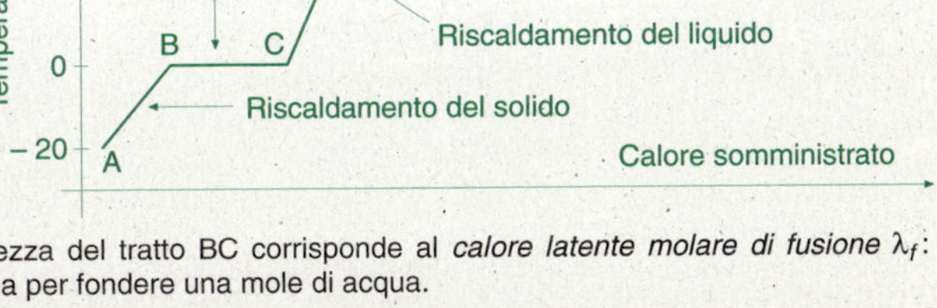


La lunghezza del tratto BC corrisponde al *calore latente molare di fusione* $\lambda_f$: energia necessaria per fondere una mole di acqua.

La lunghezza del tratto DE corrisponde al *calore latente molare di evaporazione* $\lambda_e$: energia necessaria per far evaporare una mole di acqua.

Si ha che:

$$\lambda_e > \lambda_f \quad \leftrightarrow \quad \overline{DE} > \overline{BC}$$

## 1.6.2 Equilibrio liquido-vapore. L'evaporazione

La *vaporizzazione* di un liquido si divide in *evaporazione* ed *ebollizione* a seconda che il passaggio di stato coinvolga solo la parte più superficiale o l'intera massa del liquido.

L'energia cinetica media delle molecole di un liquido è proporzionale alla temperatura assoluta del liquido. A causa dell'agitazione termica, alcune molecole in prossimità della superficie del liquido possono acquistare un'energia leggermente superiore alla media, sufficiente a spezzare i legami che tengono unite le molecole nel liquido. Tali molecole possono quindi sfuggire al liquido e passare allo stato aeriforme.

È questo il fenomeno dell'**evaporazione**.

Il fenomeno dell'evaporazione è alla base del *ciclo dell'acqua* che permette la vita sulla Terra: l'acqua del mare *evapora*, entra in atmosfera sotto forma di vapore, dove poi condensa negli stati liquido e solido, formando le nubi. Tramite le precipitazioni, il ciclo si chiude.

Nella fase aeriforme che sovrasta un liquido, si trovano sempre delle molecole di liquido evaporate. Tali molecole formano il **vapore**.

Circa l'1% della troposfera è formato da vapore acqueo, cioè molecole d'acqua evaporate dalla superficie dei mari, dei laghi, dei fiumi e dalla vegetazione.

**Vapore:** parte dell'aeriforme che sovrasta un liquido.
**Fase:** stato di aggregazione della materia.
**Sistema**: **liquido-vapore:** *sistema bifasico.*

Si consideri un liquido in un recipiente chiuso, all'interno del quale è stato praticato il vuoto: alcune molecole del liquido sfuggono ai legami con le altre molecole e passano allo stato di vapore incrementandone il contenuto e quindi la pressione. Contemporaneamente alcune molecole del vapore passano allo stato liquido.

Questo fenomeno continua fino al raggiungimento dell'equilibrio tra le due fasi, cioè fino a quando il numero di molecole che passano allo stato di vapore nell'unità di tempo è uguale al numero di molecole che passano allo stato liquido sempre nell'unità di tempo.

**L'equilibrio liquido-vapore è dinamico.**

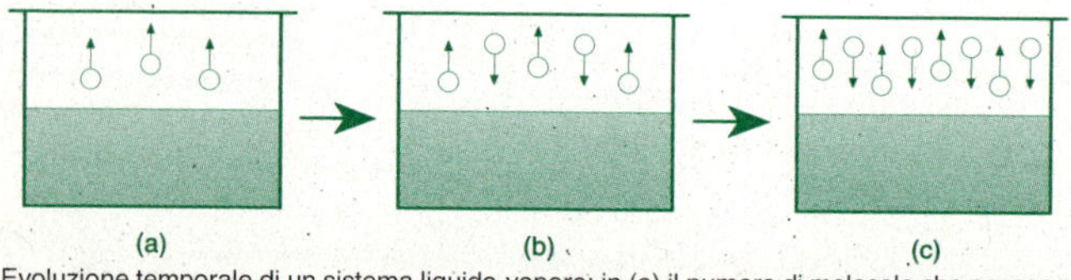


Evoluzione temporale di un sistema liquido-vapore: in (a) il numero di molecole che passano allo stato di vapore è decisamente maggiore del numero di molecole che passano da vapore a liquido; in (c) i due numeri sono uguali e il sistema è in equilibrio.

**All'equilibrio il vapore si dice *saturo*. La *tensione* o *pressione di vapore saturo* di un liquido a una temperatura è la pressione del vapore saturo a quella temperatura. La tensione di vapore dipende solo dalla temperatura e dalla natura del liquido: aumenta con l'aumentare della temperatura.**

### 1.6.3 Ebollizione

**Il *punto di ebollizione* di un liquido è la temperatura alla quale la tensione di vapore del liquido è pari al valore della pressione della fase gassosa che sovrasta il liquido (pressione esterna).**

Nell'ebollizione, diversamente da quanto accade nell'evaporazione, si ha formazione di vapore in tutta la massa liquida.

In un liquido si trovano sempre delle bollicine d'aria in equilibrio con il liquido, che contengono vapore saturo a una certa tensione di vapore. Scaldando il liquido, la tensione di vapore aumenta, le bollicine si ingrossano e quando la tensione di vapore uguaglia la pressione esterna, le bolle salgono verso l'alto e si ha l'ebollizione.

Nel grafico a lato è riportato l'andamento della tensione di vapore saturo dell'acqua al variare della temperatura. Si noti che arrivati a 100 °C, la tensione è uguale alla pressione atmosferica e si ha l'ebollizione.

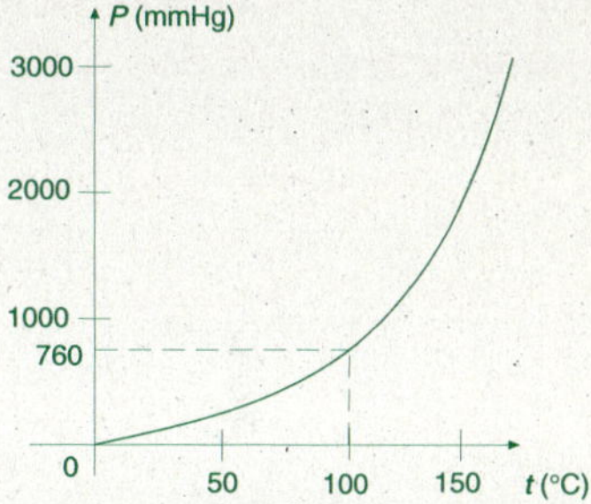


**La temperatura di ebollizione di un liquido dipende solo dalla natura del liquido e dalla pressione a cui è sottoposto: cresce al crescere della pressione esterna.**

Nella pentola a pressione vengono raggiunte pressioni superiori a quella atmosferica e la temperatura di ebollizione dell'acqua è maggiore di 100 °C.

Infatti, maggiore è la pressione esterna, maggiore deve essere la tensione di vapore perché abbia inizio l'ebollizione e ciò si realizza con un aumento di temperatura.

In montagna, al contrario, la pressione esterna è inferiore a 1 atm e quindi la temperatura di ebollizione è minore di 100 °C.

Nella pentola a pressione, di conseguenza, i cibi cuociono a una temperatura superiore a 100 °C e quindi cuociono prima. In montagna, invece, i cibi impiegano più tempo a cuocere.

Una bottiglia di acqua gassata, quando viene confezionata, viene chiusa ermeticamente ad alta pressione. Questo significa che la parte di aria che si trova sopra la superficie dell'acqua esercita una grande pressione sul liquido.

La tensione di vapore dell'anidride carbonica che è stata disciolta nell'acqua, si trova in equilibrio con la pressione dell'aria sovrastante. Quando la bottiglia viene aperta, la pressione esterna cala bruscamente fino al valore della pressione atmosferica.

L'anidride carbonica disciolta nell'acqua non è più in equilibrio con l'esterno e la sua elevata tensione di vapore causa per pochi istanti l'*ebollizione* dell'acqua.

Maggiore è la pressione con cui viene chiusa una bottiglia e più violento sarà l'effetto quando la si apre: si pensi ad esempio a quello che accade quando si apre una bottiglia di spumante.

## 1.7 Temperatura critica e isoterme dei gas reali

La liquefazione (o condensazione) è il passaggio opposto alla vaporizzazione. Perché un gas liquefi, si deve o abbassarne la temperatura o alzarne la pressione. I due fattori sono legati tra loro, al punto che per ogni gas esiste una *temperatura critica* $T_C$ definita come la temperatura al di sopra della quale non è possibile liquefare il gas per sola compressione.

**I gas reali, a differenza dei gas ideali, se sottoposti a pressioni elevate o a temperature basse possono liquefare.**

Ogni sostanza è caratterizzata da un valore di temperatura critica. Si è soliti distinguere un aeriforme in *vapore* o *gas* a seconda che si trovi a una temperatura inferiore o superiore a quella critica. Un vapore può essere liquefatto per aumento di pressione, un gas no.

La temperatura critica dell'ossigeno vale – 118,4 °C, quella dell'ammoniaca vale 132,5 °C; quella dell'acqua vale 374 °C.

Così come è possibile liquefare un vapore aumentandone la pressione, è possibile portare un liquido all'ebollizione senza aumentare la sua temperatura, ma diminuendo la pressione sovrastante.

È possibile seguire il comportamento di un gas reale al variare della pressione, rappresentando in un piano cartesiano nelle due variabili *P* e *V* le variazioni di pressione e volume. Il piano *PV* viene detto **piano di Clapeyron** e serve per rappresentare qualunque tipo di trasformazione di un gas. In particolare, per un gas perfetto una trasformazione isoterma (cioè a temperatura costante) $P \cdot V =$ costante (legge di Boyle) è rappresentata da un ramo di iperbole; mentre per un gas reale si nota la presenza di una **campana di condensazione**, detta **curva di Andrews**.

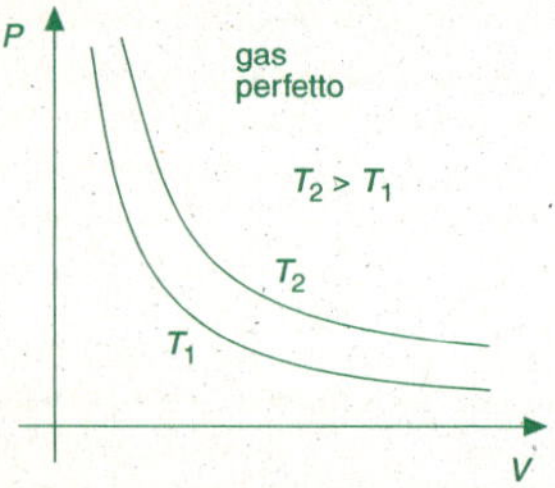


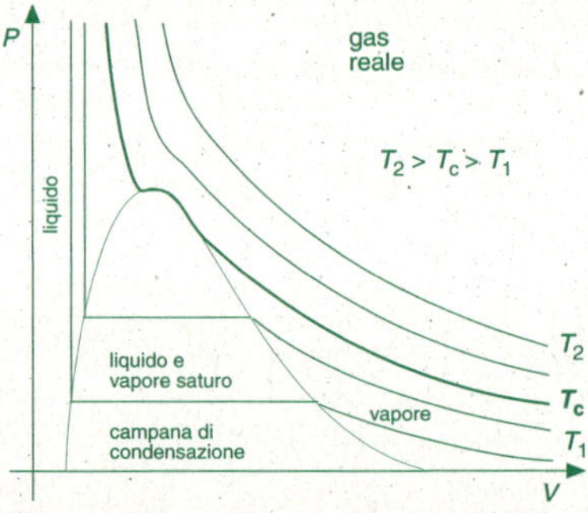


Isoterme di un gas perfetto e di un gas reale nel piano *PV*. Se la specie gassosa reale si trova al di sopra della temperatura critica $T_c$, la sua isoterma è del tutto simile a quelle di un gas ideale.
Se la temperatura della specie gassosa è minore di $T_c$, quando il volume del vapore diminuisce la pressione aumenta fino a quando non si innesca il processo di condensazione e si entra quindi nella campana di condensazione dove il vapore è saturo: a questo punto la diminuzione di volume non si traduce più in un aumento di pressione, ma in condensazione del vapore. Quando il vapore si è liquefatto totalmente la pressione riprende a salire molto rapidamente (i liquidi sono incomprimibili).

**Il comportamento dei gas reali si avvicina a quello dei gas perfetti per temperature alte e pressioni basse.**

## 1.8 Igrometria

È la parte della fisica che si occupa dello studio del vapore acqueo nell'atmosfera. L'aria a contatto con la superficie terrestre è formata per il 78% da azoto e per il 21% da ossigeno. Nel restante 1% si trova anidride carbonica, gas nobili e vapore acqueo. Nonostante la quantità di acqua sia minima, essa regola tutti i fenomeni meteorologici e gli scambi energetici fra la Terra e l'atmosfera. Per misurare il vapore acqueo si definisce l'umidità assoluta e l'umidità relativa.

**Umidità assoluta: rapporto tra la massa di vapore acqueo contenuta in un volume d'aria e il volume stesso.**

**Umidità relativa: rapporto tra la massa di vapore contenuta in un volume d'aria e la massa di vapore che si avrebbe nello stesso volume alla stessa temperatura in condizioni di saturazione.**

L'umidità relativa è quindi un numero puro, scritto di solito come percentuale.

Un'umidità relativa del 100% corrisponde a una situazione di saturazione.

Poiché la quantità di vapor saturo che un volume d'aria può contenere dipende dalla temperatura, l'umidità relativa varia con la temperatura.

**Al diminuire della temperatura l'umidità assoluta si avvicina al valore di saturazione e l'umidità relativa aumenta.**

Quando l'umidità relativa arriva al 100% inizia il processo di condensazione.

È quello che accade in inverno con la formazione di nebbia, brina e rugiada o nelle stesse nuvole che si formano per condensazione di vapore saturo.

La **meteorologia** si basa sullo studio della temperatura dell'aria, della pressione atmosferica e dell'umidità nei diversi punti della superficie terrestre e alle diverse quote.

Per la misura della pressione si utilizzano i **barometri**. Il più comune è il barometro metallico costituito da una scatola chiusa ermeticamente in cui viene praticato il vuoto. La pressione atmosferica esterna schiaccia una parete metallica, deformandola tanto più quanto più è elevato il suo valore. Un indice collegato alla superficie amplifica gli effetti della deformazione, riportando su una scala graduata il valore della pressione.

Gli strumenti utilizzati per la misura dell'umidità sono gli **igrometri**, il più semplice dei quali sfrutta la proprietà dei capelli di allungarsi con l'aumentare dell'umidità (igrometro a capelli). Una ciocca di capelli viene fissata a un indice libero di ruotare su una scala graduata. Al variare dell'umidità, i capelli si allungano, facendo ruotare l'indice.

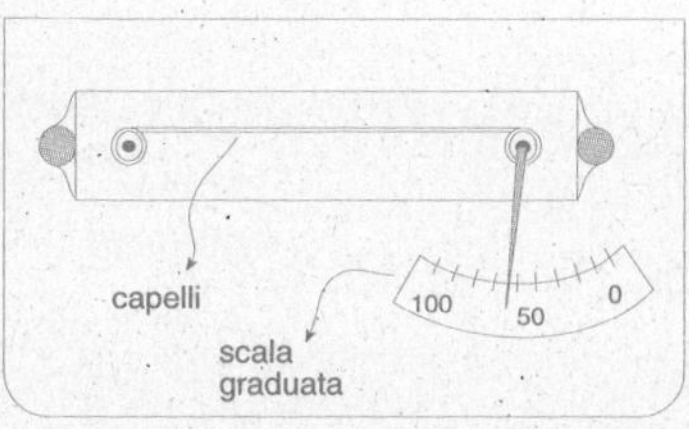


Una rudimentale stazione meteorologica comprende quindi un barometro, un termometro e un igrometro.

Con questi strumenti è già possibile realizzare una previsione sufficientemente accurata dell'evoluzione del tempo.

# TEST DI VERIFICA

1 **La pressione di una atmosfera è:**

- **A** qualunque pressione che si registra al livello del mare
- **B** quella esercitata da una colonna d'acqua alta 76 m
- **C** la pressione registrata a 760 m al di sopra del livello del mare
- **D** la pressione esercitata da una colonna di mercurio alta 76 cm
- **E** la pressione registrata a 76 m di profondità al di sotto della superficie del mare

2 **Il pendolo di un orologio è realizzato interamente in acciaio ed è stato tarato in modo che l'orologio funzioni esattamente in un ambiente con temperatura di 20 °C. Che cosa si può dire del comportamento dell'orologio se la temperatura ambiente sale a 25 °C?**

- **A** non cambia nulla
- **B** non si può dire nulla
- **C** il comportamento dipende dalla lunghezza del pendolo a 20 °C
- **D** l'orologio va avanti
- **E** l'orologio resta indietro

3 **Riscaldando di 30 °C un gas in un recipiente chiuso da un pistone libero di muoversi:**

- **A** il volume rimane inalterato
- **B** aumenta il volume
- **C** raddoppia la pressione
- **D** raddoppia il volume

4 **In un gas ideale il prodotto della pressione per il volume:**

- **A** è sempre costante
- **B** è proporzionale alla temperatura
- **C** è indipendente dalla densità del gas
- **D** raddoppia passando da 10 °C a 20 °C

5 **L'aria è formata per l'80% da azoto (circa) e per il 20% da ossigeno: la sua pressione al livello del mare è una atmosfera. In questa miscela gassosa:**

- **A** le pressioni parziali dei due gas sono uguali e ciascuna è pari a una atmosfera
- **B** la pressione parziale dell'azoto è minore di quella dell'ossigeno
- **C** non si può parlare di pressione dell'ossigeno e dell'azoto, ma di pressione della miscela
- **D** la pressione parziale dell'azoto è circa quattro volte quella dell'ossigeno

6 **Una mole di gas atomico è contenuta in un recipiente. All'aumentare della temperatura aumenta la pressione del gas in quanto:**

- **A** il gas tende alla condizione di gas perfetto
- **B** il gás si allontana dalla condizione di gas perfetto
- **C** la velocità media degli atomi aumenta
- **D** l'energia interna non varia

**7 Un cilindro con un pistone contiene *n* moli di un gas perfetto alla temperatura *T*. Se la temperatura raddoppia, il numero di moli sarà:**

- **A** 2 *n*
- **B** *n*
- **C** *n*/2
- **D** (1/273) *n*

**8 Da quale delle seguenti grandezze è indipendente la temperatura di ebollizione di un liquido?**

- **A** Altitudine
- **B** Temperatura esterna
- **C** Pressione esterna
- **D** Tensione di vapore

**9 In un esperimento immaginario, un blocco di 1 kg di ghiaccio a 0 °C è lasciato cadere da un'altezza *h* tale che il calore prodotto dall'impatto con il suolo lo fa fondere completamente. Da quale altezza dovrebbe cadere un blocco di ghiaccio di 25 kg per fondere completamente? (Si supponga che, in entrambi i casi, tutto il calore prodotto nell'urto venga utilizzato per fondere il ghiaccio).**

- **A** Da un'altezza 25 volte più piccola di *h*
- **B** Da un'altezza 5 volte più grande di *h*
- **C** Da un'altezza uguale a *h*
- **D** Da un'altezza 25 volte più grande di *h*

**10 A quale temperatura kelvin corrispondono 0 °C?**

- **A** 273,16 K
- **B** 100 K
- **C** – 273,16 K
- **D** 0 K

**11 La temperatura di ebollizione dell'acqua sul Monte Bianco (4800 metri circa) è:**

- **A** minore di 0 °C
- **B** maggiore di 100 °C
- **C** uguale a 100 °C
- **D** minore di 100 °C

**12 Il numero di Avogadro rappresenta il numero delle molecole contenute in:**

- **A** 1 $dm^3$ di acqua a 4 °C
- **B** 22,4 l di $N_2$ in condizioni normali
- **C** 1 l di aria a 0 °C
- **D** 22,4 l di $H_2$ in condizioni standard

**13 L'umidità relativa presente in un ambiente chiuso:**

- **A** aumenta con l'aumentare del volume dell'ambiente
- **B** diminuisce con l'aumentare della temperatura dell'ambiente
- **C** è una grandezza che assume valori esclusivamente relativi al tipo di ambiente
- **D** può assumere solo valori compresi nel campo dei numeri relativi

**14** **Il ghiaccio galleggia nell'acqua perché:**

- **A** il peso specifico del ghiaccio è uguale a quello dell'acqua
- **B** a 0 °C la densità del ghiaccio è minore di quella dell'acqua
- **C** l'acqua, passando da 0 °C a 4 °C, diminuisce di volume
- **D** l'unità di massa del ghiaccio pesa meno dell'unità di massa dell'acqua

**15** **Quando un pezzo di ghiaccio fonde alla pressione di 1 atm, la sua temperatura:**

- **A** è sempre maggiore di 0 °C
- **B** è sempre minore di 0 °C
- **C** è rigorosamente uguale a 0 °C
- **D** è uguale a quella dell'ambiente esterno

**16** **Una quantità d'acqua ghiacciata contenente del sale (NaCl) alla pressione di 1 atm fonderà ad una temperatura:**

- **A** maggiore di 373 K
- **B** uguale a 373 K
- **C** minore di 373 K e maggiore di 273 K
- **D** uguale a 273 K
- **E** minore di 273 K

**17** **Quando dell'acqua che contiene sale da cucina (NaCl) sta bollendo, il vapore che si libera è costituito da:**

- **A** NaCl gassoso
- **B** $H_2O$ gassosa e NaCl gassoso
- **C** $H_2O$ gassosa
- **D** $H_2$ e $O_2$ gassosi
- **E** $Cl_2$ gassoso

# SOLUZIONI E COMMENTI

1 L'unità di misura "atmosfera" non è un'unità di misura del S.I. Essa è legata al pascal e ad altre unità di misura non del S.I. tramite le relazioni:

$$1 \text{ atm} = 760 \text{ mmHg} = 1{,}01325 \text{ bar} = 101.325 \text{ Pa} \approx 10^5 \text{ Pa} = 10^5 \text{ N/m}^2$$

dove la scrittura mmHg sta per "millimetri di mercurio". La pressione di una atmosfera è infatti la pressione registrata alla base di una colonna di mercurio alta 760 mm o, equivalentemente, 76 cm (risposta **D**).

2 All'aumentare della temperatura, l'acciaio con cui è stato costruito il pendolo si dilata. La lunghezza $L$ del pendolo aumenta e il suo periodo, che è pari a $T = 2\pi\sqrt{L/g}$ aumenta.

Il pendolo impiega così un tempo maggiore per compiere un'oscillazione completa e l'orologio resta indietro (risposta **E**).

3 Poiché il pistone è libero di muoversi, la pressione del gas rimane sempre uguale alla pressione esercitata dal pistone su di esso e dall'ambiente esterno sul pistone. Si tratta quindi di una trasformazione isobara in cui il calore dato al sistema si trasforma in lavoro di espansione del gas. Riscaldando il gas si provoca quindi un aumento del volume (risposta **B**).

Le risposte **C** e **D** non sono esatte perché valide solo per casi particolari.

4 Dalla relazione $PV = nRT$ si deduce che il primo membro ($PV$) è direttamente proporzionale alla temperatura (n e R sono infatti costanti); se, per esempio, la temperatura raddoppia, anche il prodotto $PV$ raddoppia.

Sembra dunque che vi siano due risposte esatte: la **B** e la **D**.

Delle due, la sola corretta è la **B**; infatti l'equazione di stato dei gas ideali vale solo se la temperatura è espressa in Kelvin (scala assoluta). Quando la temperatura passa da 10 °C a 20 °C è raddoppiata nella scala centigrada, ma nella scala assoluta passa da 283,16 K a 293,16 K e dunque non è affatto raddoppiata.

5 La legge di Dalton insegna che la pressione di una miscela di gas è uguale alla somma delle pressioni parziali dei singoli gas che la compongono. Le pressioni parziali dei gas sono a loro volta proporzionali alle relative frazioni molari.

L'azoto è presente nell'aria in una percentuale quattro volte superiore all'ossigeno: la sua frazione molare e la sua pressione parziale sono quattro volte quella dell'ossigeno: la risposta esatta è quindi la **D**.

6 La pressione esercitata da un gas sulle pareti del recipiente che lo contiene è dovuta agli urti delle sue molecole contro le pareti del recipiente.

Maggiore è la velocità delle molecole maggiore è la forza (e quindi la pressione) che trasmettono nell'urto.

Dato che la temperatura del gas è direttamente proporzionale all'energia cinetica media dei suoi atomi, al crescere della temperatura cresce la velocità degli atomi e quindi anche la pressione che questi esercitano sulle pareti (risposta **C**).

7 Il numero $n$ di moli di gas contenute nel cilindro è determinato unicamente dal numero di molecole del gas: se la temperatura, il volume o la pressione del gas cambiano, $n$ rimane sempre lo stesso (risposta **B**).

**8** La temperatura di ebollizione di un liquido dipende dal tipo di liquido cioè dalla sua tensione di vapore e dalla pressione esterna a cui si trova.

Dato che la pressione esterna dipende dall'altitudine, altitudine, tensione di vapore e pressione esterna influenzano la temperatura di ebollizione del liquido.

L'unica grandezza fisica (tra quelle proposte) non correlata direttamente alla temperatura di ebollizione è la temperatura esterna (risposta **B**).

**9** Il passaggio di stato da solido a liquido del blocco di ghiaccio che cade avviene grazie alla trasformazione della sua energia potenziale in energia interna dell'acqua.

L'energia potenziale posseduta da un corpo di massa $m$ che si trova a un'altezza $h$ dal suolo è pari a $m \cdot g \cdot h$, dove $g$ è il modulo dell'accelerazione gravitazionale.

Per fondere il blocco di ghiaccio da 25 kg occorre un'energia venticinque volte superiore a quella richiesta dal blocco da 1 kg. Affinché l'energia potenziale del blocco da 25 kg sia venticinque volte quella del blocco da 1 kg è necessario che i due vengano lasciati cadere dalla stessa altezza (l'energia potenziale è infatti direttamente proporzionale alla massa). La risposta esatta è dunque la **C**.

**10** Ricordando che la scala kelvin e la scala centigrada sono traslate l'una rispetto all'altra di 273,16 gradi si possono scartare la **B** e la **D**. La **C** si può scartare perché non esistono temperature kelvin negative; la **A** è la risposta corretta.

**11** Indipendentemente dall'altezza della montagna, è sufficiente che la pressione esterna sia minore di 1 atm per potere affermare che la temperatura di ebollizione è minore di 100 °C. Questo vale a maggior ragione per la vetta del Monte Bianco. La risposta esatta è quindi la **D**.

**12** Per condizioni normali si intende un gas alla temperatura di 0 °C e alla pressione di 1 atmosfera, mentre in condizioni standard la temperatura del gas è di 25 °C.

Una mole di gas in condizioni normali occupa 22,4 l di volume e contiene $6{,}02 \cdot 10^{23}$ molecole (o atomi se il gas è atomico): la risposta esatta è dunque la **B**.

**13** L'umidità relativa è il rapporto tra l'umidità assoluta e l'umidità assoluta che si avrebbe in condizioni di saturazione (a parità di temperatura); è un numero puro sempre minore di 1 e può anche essere espressa in percentuale. Se l'umidità relativa dell'aria è pari al 100%, l'aria è satura di vapor d'acqua.

Se la temperatura aumenta, aumenta anche l'umidità assoluta corrispondente alla saturazione dell'aria e diminuisce di conseguenza l'umidità relativa (risposta **B**).

**14** Le risposte **A** e **D** contengono affermazioni false e per questo possono essere scartate a priori. Le affermazioni contenute nella **B** e nella **C** sono invece vere.

Si tratta ora di discriminare tra *affermazione vera* e *risposta esatta*.

La massima densità dell'acqua si ha quando la sua temperatura vale 4 °C: passando da 0 °C a 4 °C il volume dell'acqua diminuisce, ma questo non ha nulla a che vedere con il fatto che il ghiaccio galleggia. La risposta esatta è dunque la **B**.

**15** Durante i passaggi di stato, la temperatura del sistema è costante ed è uguale a un valore che dipende dalla sostanza e dalla pressione che agisce sul sistema. Alla pressione di 1 atm, il ghiaccio fonde esattamente a 0 °C (fu proprio Celsius a fissare come zero della sua scala la temperatura di fusione del ghiaccio alla pressione di 1 atm). La risposta esatta è quindi la **C**.

**16** Come si è detto nel quesito precedente, la temperatura di fusione di una sostanza dipende dalla pressione del sistema e dalla natura della sostanza. Se il ghiaccio contiene delle impurità, come il cloruro di sodio (NaCl), la temperatura di fusione è diversa da 0 °C (che corrisponde a 273 K).

In particolare la presenza di un soluto non volatile come il sale causa un abbassamento della temperatura di fusione e un aumento della temperatura di ebollizione. La risposta esatta è quindi la **E**.

**17** Nel quesito precedente si è visto che la presenza di sale nell'acqua abbassa la temperatura di fusione e alza quella di ebollizione. L'acqua salata bolle quindi a una temperatura maggiore di 100 °C. Il vapore che si forma contiene comunque solo $H_20$ mentre il sale rimane nella soluzione. Nelle saline si sfrutta questa proprietà per ricavare il sale dall'evaporazione dell'acqua marina. La risposta esatta è quindi la **C**.

# 2 TERMODINAMICA

## 2.1 Calore

Il **calore** è una forma di energia che viene scambiata fra corpi a temperature diverse per mezzo delle numerose collisioni che avvengono a livello atomico e molecolare.

**Il calore non è una caratteristica propria dei corpi: può fluire da un corpo a un altro.**

**Calore e lavoro sono due espressioni diverse di una stessa entità: l'energia; nel S.I. il calore si misura in joule.**

Quando due corpi, della stessa massa ma di materiale diverso, acquistano la stessa quantità di calore, si ottiene, in generale, un aumento diverso delle rispettive temperature. In altre parole si può dire che ogni sostanza è caratterizzata da "un'inerzia termica" che esprime l'opposizione della sostanza alla variazione della sua temperatura. Le grandezze che la fisica utilizza per descrivere in modo quantitativo questo comportamento della materia sono la *capacità termica* e il *calore specifico*.

La **capacità termica** di un corpo è la quantità di calore (energia termica) che esso deve assorbire affinché la sua temperatura aumenti di 1 °C (o di 1 K).

Il **calore specifico** di una sostanza è la quantità di calore (energia termica) che essa deve assorbire affinché la temperatura di una *massa unitaria* della sostanza aumenti di 1 °C (o di 1 K).

**Capacità termica:** $C = \frac{\Delta Q}{\Delta T}$ (si misura in J/K)

**Calore specifico:** $c = \frac{\Delta Q}{m \cdot \Delta T}$ (si misura in J/kg · K)

Valgono le relazioni ($c$ = calore specifico, $C$ = capacità termica):

$$C = c \cdot m \qquad \Delta Q = c \cdot m \cdot \Delta T \qquad \Delta Q = C \cdot \Delta T$$

L'equivalenza tra calore ed energia è stata dimostrata dal fisico inglese Joule nel 1843 (si veda § 2.1.2). Questo ha permesso di utilizzare il joule come unità di misura del calore. Esiste, però, anche un'altra unità di misura, ancora oggi usata, non appartenente al sistema internazionale S.I., chiamata **caloria**.

**Una caloria (1 cal) è l'energia necessaria per innalzare di un grado la temperatura di un grammo di $H_2O$ (da 14,5 °C a 15,5 °C).**

Tramite l'esperienza di Joule si trova un fattore di conversione tra calorie e joule.

Dalla definizione di caloria e dall'espressione $\Delta Q = c \cdot m \cdot \Delta T$ si deduce che l'acqua ha calore specifico pari a: $c_{H_2O} = 1 \text{ cal} \cdot g^{-1} \cdot °C^{-1}$

Accanto alla caloria viene spesso utilizzato un suo multiplo, la **chilocaloria**:

$$1 \text{ kcal} = 1 \text{ Cal} = 1000 \text{ cal.}$$

## Variazioni del calore specifico con la temperatura

Il calore specifico varia da sostanza a sostanza e dipende dalla temperatura anche se, per intervalli di temperatura di qualche decina di gradi, lo si può supporre costante. Per uno stesso materiale, il calore specifico cambia a seconda dello stato di aggregazione.

Mentre il calore specifico dell'acqua vale $c_{acqua} = 1\ cal \cdot g^{-1} \cdot °C^{-1}$, quello del ghiaccio è $c_{ghiaccio} = 0{,}5\ cal \cdot g^{-1} \cdot °C^{-1}$

### 2.1.1 Scambi di calore fra corpi

Se due corpi di massa $m_1$ e $m_2$, calori specifici $c_1$ e $c_2$, alle temperature $T_1$ e $T_2$ con $T_1 > T_2$ vengono posti a contatto, si verifica un passaggio di calore dal corpo caldo a quello freddo, fino al raggiungimento di una temperatura di equilibrio $T_e$. La quantità di calore ceduta dal più caldo al più freddo è pari a:

$$\Delta Q = m_1 \cdot c_1 \cdot (T_1 - T_e)$$

D'altra parte il più freddo assorbe la quantità di calore:

$$\Delta Q = m_2 \cdot c_2 \cdot (T_e - T_2)$$

Poiché la quantità di calore ceduta dal primo viene totalmente assorbita dal secondo, si possono uguagliare le due relazioni:

$$m_1 \cdot c_1 \cdot (T_1 - T_e) = m_2 \cdot c_2 \cdot (T_e - T_2)$$

Conoscendo le condizioni iniziali, è possibile calcolare la temperatura di equilibrio.

Se due oggetti della stessa natura ($c_1 = c_2$) con temperature diverse sono posti a contatto, la temperatura di equilibrio raggiunta dal sistema vale:

$$T_e = \frac{T_1 \cdot m_1 + T_2 \cdot m_2}{m_1 + m_2}$$

Se due oggetti di diversa natura ($c_1 \neq c_2$) con temperature diverse sono posti a contatto, la temperatura di equilibrio raggiunta dal sistema vale:

$$T_e = \frac{T_1 \cdot m_1 \cdot c_1 + T_2 \cdot m_2 \cdot c_2}{m_1 \cdot c_1 + m_2 \cdot c_2}$$

**In un termos sono contenuti 200 g di acqua alla temperatura di 20 °C; si aggiungono 500 g di acqua alla temperatura di 80 °C e si mescola. Quale è la temperatura finale $T_e$ del miscuglio?**

Si indichi con $m_1$ e $T_1$ la massa e la temperatura dell'acqua più calda e con $m_2$ e $T_2$ la massa e la temperatura dell'acqua fredda. La massa $m_1$ *cede* a $m_2$ il calore $Q_{1,2} = (T_1 - T_e) \cdot c \cdot m_1$, mentre parallelamente la massa $m_2$ riceve da $m_1$ il calore $Q_{2,1} = (T_e - T_2) \cdot c \cdot m_2$ dove $c$ è il calore specifico dell'acqua.

$$Q_{1,2} = Q_{2,1} \quad \rightarrow \quad (T_1 - T_e) \cdot c \cdot m_1 = (T_e - T_2) \cdot c \cdot m_2$$

$$T_e = \frac{T_1 \cdot m_1 + T_2 \cdot m_2}{m_1 + m_2} \quad \rightarrow \quad T_e = \frac{20\ °C \cdot 200\ g + 80\ °C \cdot 500\ g}{200\ g + 500\ g} = 62{,}8\ °C$$

## 2.1.2 Principio di equivalenza tra calore e lavoro

Nei processi puramente meccanici l'energia meccanica si conserva; nei fenomeni puramente termici l'energia termica totale si conserva. Generalmente nei processi naturali energia meccanica e termica coesistono, e si verifica che non si conservano separatamente. Sperimentalmente, si può però notare che se in una trasformazione parte dell'energia meccanica viene spesa per creare energia termica, il rapporto tra lavoro meccanico effettuato e calore prodotto è costante.

Il valore di tale rapporto è:

$$\frac{L}{Q} = \text{costante} = \mathbf{J} = 4{,}186\ \frac{\text{joule}}{\text{cal}}$$

da cui si può affermare che 1 cal = 4,186 J.

Questo risultato costituisce il **principio di equivalenza**.

Tale principio giustifica pienamente la definizione di calore come forma di energia e l'utilizzo del joule come unità di misura del calore. Per questo motivo si tende ad abbandonare la caloria in favore del joule; solo nel calcolo del valore energetico degli alimenti, e di conseguenza nelle diete, si è ancora soliti usare la caloria.

Prendendo un prodotto alimentare confezionato, su un lato della scatola si trova generalmente indicato il valore energetico medio per 100 grammi di prodotto, riportato sia in chilocalorie che in chilojoule. Facendo il rapporto tra i due numeri, si trova il valore 4,186.

La costante **J** prende il nome di **equivalente meccanico della caloria**. Il suo valore è stato trovato da Joule attraverso la cosiddetta *esperienza di Joule*.

### Esperienza di Joule

Un contenitore termicamente isolato è riempito con del ghiaccio. Al suo interno un'ampolla contiene dell'acqua che è stata leggermente salata, per evitare che possa ghiacciare. Tutto il sistema si trova a 0 °C.

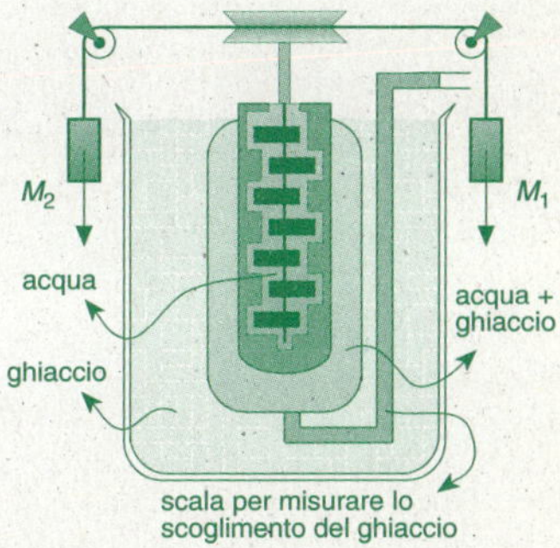


Nell'ampolla un'asta con alcune palette è fissata a una carrucola ed è libera di girare su se stessa. Sulla carrucola viene sistemato un filo al quale vengono attaccate le masse $M_1$ e $M_2$ poste ad altezza $h$ dal suolo. Lasciandole cadere, il filo si srotola mettendo in rotazione la carrucola, l'asta e le palette. Si osserva che l'energia cinetica delle masse a fine caduta è minore della loro energia potenziale iniziale, contro il principio di conservazione dell'energia meccanica.

Contemporaneamente si nota lo scioglimento di una certa quantità di ghiaccio: parte dell'energia meccanica si è trasformata in energia termica ed è stata assorbita dal ghiaccio. Misurando il calore ceduto (in base alla quantità di ghiaccio sciolto) e il lavoro fatto (in base alla differenza fra le energie potenziali e cinetiche delle due masse), si può calcolare il rapporto $L/Q$ e si ottiene:

$$\frac{L}{Q} = 4{,}186\ \frac{\text{J}}{\text{cal}}$$

## 2.1.3 Il calorimetro

Lo strumento usato per misurare i calori specifici dei corpi è il *calorimetro*. I due modelli più usati sono il *calorimetro a ghiaccio* di Bunsen e il *calorimetro ad acqua* di Regnault.

Il primo dei due si basa sulla variazione di volume che si ha nel passaggio ghiaccio-acqua: la quantità di calore ceduta dal corpo in esame viene misurata in base alla quantità di ghiaccio che si scioglie (si veda l'esperienza di Joule, § 2.1.2).

Il principio di funzionamento del secondo è più interessante: un recipiente formato da pareti isolanti che impediscono scambi di calore con l'esterno, contiene una vaschetta piena di acqua distillata. Nell'acqua sono immersi il bulbo di un termometro e un agitatore, entrambi manovrabili dall'esterno.

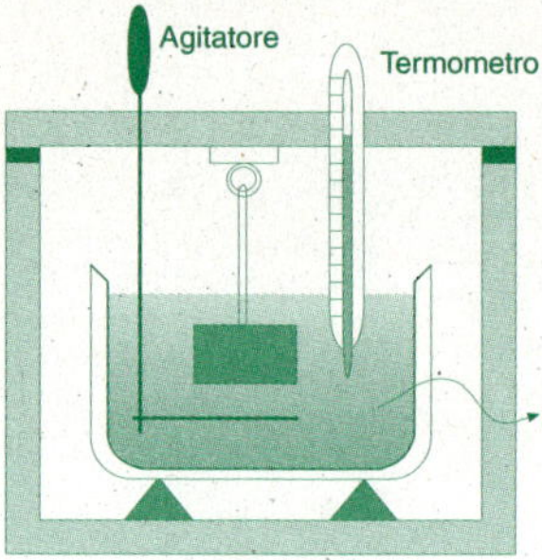


Si immerge nell'acqua il corpo di massa *m* alla temperatura $T_c$ di cui si vuole conoscere il calore specifico; con l'agitatore si mescola l'acqua per rendere omogenea la temperatura d'equilibrio raggiunta, che si può leggere tramite il termometro. Se si conoscono le condizioni iniziali dell'acqua e del corpo, si può calcolare il calore specifico dalle relazioni:

$$m_{H_2O} \cdot c_{H_2O} \cdot (T_e - T_{H_2O}) = m \cdot c \cdot (T_c - T_e) \quad \rightarrow \quad c = \frac{m_{H_2O} \cdot c_{H_2O} \cdot (T_e - T_{H_2O})}{m \cdot (T_c - T_e)}$$

La relazione vista presuppone che tutto il calore ceduto dal corpo sia stato assorbito dall'acqua. In realtà, parte di questo calore viene assorbito dal sistema recipiente-agitatore-termometro. Si definisce allora **equivalente in acqua** del calorimetro la massa d'acqua avente la stessa capacità termica del sistema. La relazione dell'equilibrio diventa:

$$(m_{H_2O} + M_{EQ}) \cdot c_{H_2O} \cdot (T_e - T_{H_2O}) = m \cdot c \cdot (T_c - T_e)$$

dove $M_{EQ}$ indica l'equivalente in acqua. Il suo valore viene fornito dal costruttore del calorimetro oppure lo si può calcolare immergendo nel calorimetro un corpo di calore specifico noto (si può utilizzare anche una massa d'acqua). Dalla relazione precedente si trova:

$$M_{EQ} = \frac{m \cdot c \cdot (T_c - T_e)}{c_{H_2O} \cdot (T_e - T_{H_2O})} - m_{H_2O}$$

Per cui conoscendo la quantità d'acqua $m_{H_2O}$ presente nel calorimetro, la massa *m* del corpo immerso, i loro calori specifici, le loro temperature e misurando la temperatura di equilibrio raggiunta, è possibile calcolare l'equivalente in acqua del calorimetro.

Nella seguente tabella vengono forniti i calori specifici di alcune sostanze.

| Sostanza | Calore specifico (cal/g·°C) | Sostanza | Calore specifico (cal/g·°C) |
|---|---|---|---|
| Oro | 0,031 | Vetro | 0,118 |
| Mercurio | 0,033 | Benzina | 0,360 |
| Argento | 0,056 | Legno | 0,625 |
| Ferro | 0,114 | Acqua | 1,000 |

## 2.1.4 Calore specifico dei gas perfetti

Il calore specifico di un corpo è riferito all'unità di massa: $c = \dfrac{\Delta Q}{m \cdot \Delta T}$

Nei gas si definisce il *calore specifico molare* riferito all'unità molare n: $c = \dfrac{\Delta Q}{n \cdot \Delta T}$

In particolare, a seconda del tipo di trasformazione a cui un gas è soggetto si parla di:

$c_V$: calore specifico a *volume costante* $c_p$: calore specifico a *pressione costante*.

Nei liquidi e nei solidi si ha $c_V = c_p = c$, mentre nei gas perfetti vale la **relazione di Mayer**: $c_p - c_V = R$. I valori di $c_V$ e $c_p$ dipendono solo dalla struttura molecolare del gas: a seconda che il gas sia monoatomico, biatomico, triatomico e così via, si trovano i calori specifici indipendentemente dalla sostanza. Così si ha:

- **gas perfetti monoatomici**: $c_V = \frac{3}{2}R \quad c_P = \frac{5}{2}R$
- **gas perfetti biatomici**: $c_V = \frac{5}{2}R \quad c_P = \frac{7}{2}R$

**Nei gas $c_p$ è sempre maggiore di $c_V$.**

## 2.1.5 Propagazione del calore

Il calore si propaga da un corpo a un altro in tre modi.

**Conduzione**: è una forma di propagazione del calore caratteristica dei corpi solidi; non è accompagnata da spostamento di materia.

Sia data, per esempio, una parete le cui due facce sono mantenute a temperature differenti $T_A$ e $T_B$ ($T_A > T_B$), il calore passa dalla faccia più calda a quella più fredda per conduzione senza movimento di materia. Indicando con *d* la distanza tra le facce e con *S* la loro superficie, la *legge di Fourier* dà il calore che passa in un tempo *t* per conduzione:

$$Q = k \cdot S \cdot \frac{T_B - T_A}{d} \cdot t$$

dove k è una costante, che dipende dalla sostanza, detta **conducibilità termica**.

**Convezione**: è una forma di propagazione del calore caratteristica dei fluidi; è accompagnata da spostamento di materia (si pensi, per esempio, agli scambi di calore che avvengono nell'atmosfera in seguito ai movimenti relativi di aria calda e di aria fredda).

Scaldando l'acqua in una pentola, il liquido a contatto con la fiamma si scalda e sale verso l'alto. L'acqua più fredda nella parte alta della pentola scende per prendere il posto di quella più calda. Il processo è continuo: si formano delle **celle convettive** che portano il calore a tutta la massa d'acqua.

**Irraggiamento**: propagazione del calore mediante onde elettromagnetiche (si veda, nella stessa collana, *Fisica* 3): non è necessaria la presenza di un mezzo materiale (le onde elettromagnetiche si propagano anche nel vuoto). È grazie a questa forma di propagazione che riceviamo il calore emanato dal Sole.

L'energia emessa da una stella (o da qualunque oggetto caldo) nell'unità di tempo è direttamente proporzionale alla quarta potenza della temperatura assoluta della stella.

Il *vaso di Dewar* o *termos* è un contenitore a pareti termicamente isolanti: in esso le tre forme di propagazione del calore sono rese minime.

## 2.2 Trasformazioni termodinamiche

Un sistema termodinamico subisce una *trasformazione termodinamica* quando scambia calore e/o lavoro con l'ambiente che lo circonda.

Nella figura a lato un gas è mantenuto all'interno di un cilindro tramite un pistone.

Se il pistone è bloccato, il gas occupa un *volume costante* mentre, se il pistone è libero, è la *pressione* del gas che rimane *costante*. In quest'ultimo caso il sistema è in equilibrio se la pressione esercitata dal gas sul pistone è uguale alla pressione esterna *P*.

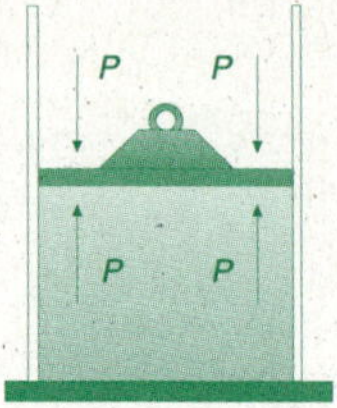


### Convenzioni di segno per gli scambi di energia fra sistema e ambiente

Nelle trasformazioni i sistemi scambiano calore e lavoro con l'ambiente esterno.

Si rende necessario fissare per convenzione un segno da dare a queste due grandezze.

- **Calore**: si assume positivo se acquistato dal sistema e negativo se ceduto dal sistema all'ambiente.
- **Lavoro**: si assume negativo se acquistato dal sistema e positivo se ceduto dal sistema all'ambiente.

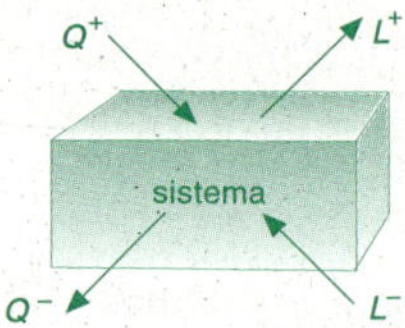


Le trasformazioni vengono disegnate su un sistema di assi cartesiani, nelle due variabili Pressione e Volume: si tratta del **piano *PV*** o **piano di Clapeyron**.

Ogni punto di tale piano rappresenta uno stato termodinamico del sistema. Le trasformazioni sono rappresentate da curve che uniscono i punti toccati dal sistema durante la trasformazione.

- Trasformazioni **isoterme**: avvengono a temperatura costante; nel piano *PV* sono rappresentate da iperboli equilatere.

$$P \cdot V = \text{costante}$$

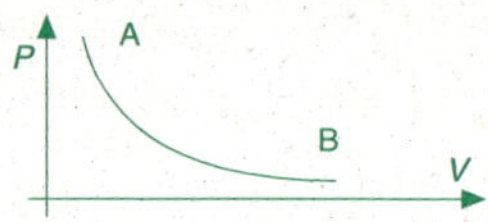


- Trasformazioni **isobare**: avvengono a pressione costante; nel piano *PV* sono rappresentate da rette orizzontali.

$$P = \text{costante}$$

- Trasformazioni **isocore**: avvengono a volume costante; nel piano *PV* sono rappresentate da rette verticali.

$$V = \text{costante}$$

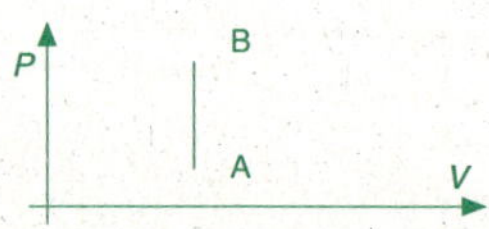


- Trasformazioni **adiabatiche**: avvengono senza scambio di calore con l'ambiente; nel piano *PV* sono rappresentate da curve simili alle isoterme, ma più verticali.

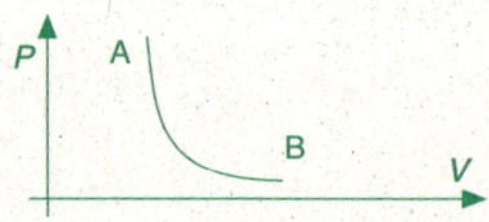

## 2.3 Primo principio della termodinamica

Il principio di conservazione dell'energia meccanica può essere esteso considerando anche l'energia termica: si arriva così a formulare il primo principio della termodinamica il quale afferma che **l'energia, in natura, non si crea e non si distrugge ma può solo trasformarsi da una forma a un'altra** (per esempio da elettrica a meccanica o da meccanica a termica).

In particolare, il lavoro fatto o subito da un sistema e il calore assorbito o ceduto si trasformano l'uno nell'altro, o al più contribuiscono al cambiamento dell'**energia interna** del sistema.

Per energia interna di un gas si intende la somma dell'energia cinetica e potenziale delle sue singole molecole.

Tenendo conto delle convenzioni sui segni di calore e lavoro, **il primo principio della termodinamica si esprime simbolicamente attraverso la relazione:**

$$\Delta U = Q - L$$

dove:

- $U$ è l'energia interna del sistema; è una funzione di stato;
- $Q$ è il **calore** scambiato tra sistema e ambiente; **non** è una funzione di stato;
- $L$ è il **lavoro** scambiato tra sistema e ambiente; **non** è una funzione di stato.

**Mentre il lavoro e il calore dipendono dal tipo di trasformazione eseguita, l'energia interna è legata solo allo stato iniziale e finale del sistema. Si può dimostrare che nei gas ideali l'energia interna dipende esclusivamente dalla temperatura.**

**Il *lavoro compiuto da un gas* in una trasformazione *a pressione costante* è uguale al prodotto tra la pressione e la variazione di volume del gas:**

$$L = P \cdot \Delta V$$

Se la pressione non è costante, la trasformazione deve essere suddivisa in più trasformazioni nelle quali il valore di $P$ possa essere considerato costante. Il lavoro totale si ottiene come somma dei lavori compiuti nelle singole trasformazioni.

### 2.3.1 Energia interna di un gas perfetto

Si consideri un gas perfetto e gli si faccia compiere una trasformazione isocora. Poiché il volume è costante, il lavoro compiuto dal gas è nullo e per il primo principio della termodinamica si ha:

$$\Delta U = Q$$

Poiché la trasformazione è isocora, la quantità di calore scambiata è pari a:

$$Q = \mathrm{n} \cdot c_V \cdot \Delta T$$

Da cui

$$\Delta U = \mathrm{n} \cdot c_V \cdot \Delta T$$

A meno di costanti additive, si può quindi affermare che **la variazione di energia interna $\Delta U$ di un gas perfetto è pari a:**

$$\Delta U = \mathrm{n} \cdot c_V \cdot \Delta T$$

## 2.3.2 Principali trasformazioni termodinamiche di un gas

Per un gas, inteso come sistema termodinamico, vale il primo principio della termodinamica. A seconda del tipo di trasformazione, le relazioni fondamentali possono assumere espressioni più comode da usare negli esercizi.

Trasformazione **isoterma**:

$$T = \text{costante}$$

$$P \cdot V = \text{costante}$$

$$L = n \cdot R \cdot T \cdot \ln\frac{V_2}{V_1}$$

$$\Delta U = 0$$

$$Q = P \cdot \Delta V = n \cdot R \cdot T \cdot \ln\frac{V_2}{V_1}$$

---

Trasformazione **isobara**:

$$P = \text{costante}$$

$$V/T = \text{costante}$$

$$L = P \cdot (V_2 - V_1) = n \cdot R \cdot (T_2 - T_1)$$

$$\Delta U = n \cdot c_V \cdot (T_2 - T_1)$$

$$Q = n \cdot c_P \cdot (T_2 - T_1)$$

---

Trasformazione **isocora**:

$$V = \text{costante}$$

$$P/T = \text{costante}$$

$$L = 0$$

$$\Delta U = n \cdot c_V \cdot (T_2 - T_1)$$

$$Q = n \cdot c_V \cdot (T_2 - T_1)$$

---

Trasformazione **adiabatica**:

$$\Delta Q = 0$$

$$P \cdot V^{\gamma} = \text{costante} \quad \text{dove } \gamma = \frac{c_P}{c_V}$$

$$\Delta U = n \cdot c_V \cdot (T_2 - T_1)$$

$$L = n \cdot c_V \cdot (T_1 - T_2)$$

---

Trasformazione **ciclica**:
È una trasformazione in cui lo stato di arrivo coincide con quello di partenza.

$$\Delta U = 0 \quad \rightarrow \quad L = Q$$

$L$ e $Q$ dipendono dal tipo di ciclo.
L'area racchiusa nella figura sottostante rappresenta il lavoro o il calore scambiati tra sistema e ambiente.

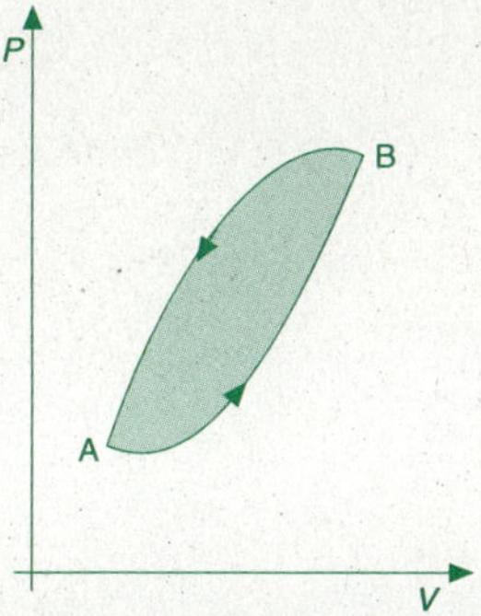


**Una quantità di elio alla pressione di 4 atmosfere subisce un'espansione adiabatica fino a raddoppiare il suo volume. Si calcoli la pressione finale del gas.**

Poiché si tratta di un'espansione adiabatica, si ha:

$$P \cdot V^{\gamma} = \text{costante}$$

dove:

$$\gamma = \frac{c_P}{c_V} = \frac{5}{3} = 1{,}67$$

dato che si tratta di un gas monoatomico.
Di conseguenza, indicando con 1 lo stato iniziale e con 2 quello finale, si ha:

$$P_1 \cdot V_1^{\gamma} = P_2 \cdot V_2^{\gamma}$$

da cui si ricava:

$$P_2 = P_1 \cdot \frac{V_1^{\gamma}}{V_2^{\gamma}} = P_1 \cdot \left(\frac{V_1}{V_2}\right)^{\gamma}$$

Sostituendo alle variabili i valori numerici, si ottiene:

$$P_2 = 4 \text{ atm} \cdot \left(\frac{V_1}{2V_1}\right)^{5/3} = 4 \text{ atm} \cdot \left(\frac{1}{2}\right)^{5/3} \approx 1{,}59 \text{ atm}$$

## 2.4 Rendimento di una macchina termica e ciclo di Carnot

Una macchina termica è un dispositivo in grado di trasformare energia termica in energia meccanica.

**Si definisce rendimento $\eta$ di una macchina termica il rapporto fra il lavoro $L$ prodotto dalla macchina e il calore $Q$ assorbito. Si tratta di un rapporto fra grandezze omogenee: il rendimento è una grandezza adimensionale.**

$$\eta = \frac{L}{Q}$$

Dal primo principio segue che il *massimo valore del rendimento* di una macchina si ottiene quando il calore assorbito $Q$ si trasforma integralmente in lavoro, cioè quando $\Delta U = 0$ (se ciò fosse possibile si avrebbe $\eta = 1$).

Affinché la produzione di energia meccanica sia continua, la trasformazione della macchina deve essere ciclica. Se il ciclo avviene tra due sorgenti alle temperature $T_f$ (termostato freddo) e $T_c$ (termostato caldo) il rendimento è dato da:

$$\eta = \frac{L}{Q} = \frac{Q_c - Q_f}{Q_c} = 1 - \frac{Q_f}{Q_c}$$

dove $Q_f$ e $Q_c$ rappresentano rispettivamente i valori assoluti del calore ceduto dal sistema alla sorgente fredda e del calore assorbito dalla sorgente calda (si veda la figura seguente).

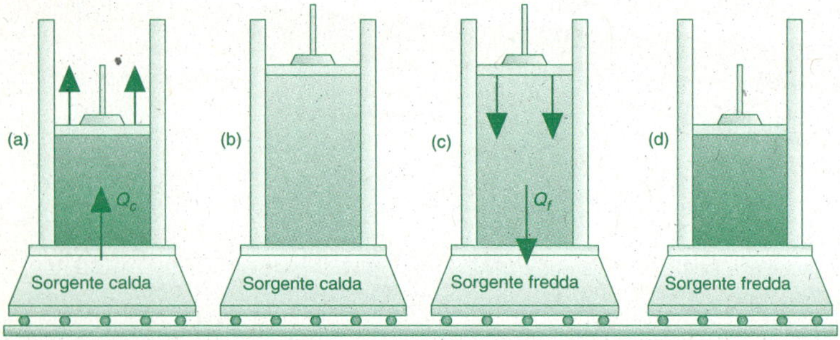


In figura è illustrato un esempio di macchina termica che lavora tra due termostati. In (a) il gas assorbe una quantità di calore $Q_c$ dalla sorgente calda e l'aumento di temperatura provoca un aumento di volume con la conseguente produzione di lavoro verso l'esterno. Se la pressione esercitata dal pistone sul gas è $P$ e la variazione di volume del gas che si scalda e si dilata è $\Delta V$, il lavoro compiuto verso l'esterno vale $L = P \cdot \Delta V$.

Non tutto il calore assorbito nella fase (a) può essere trasformato in lavoro: una parte di esso ($Q_f$) deve essere restituito a una sorgente fredda, per ripristinare le condizioni iniziali e chiudere il ciclo. Il lavoro totale fatto dal sistema è pari alla differenza di calore prelevato dalla sorgente calda e restituito alla fredda. Poiché $Q_f \leq Q_c$ il lavoro è sempre positivo e il rendimento di un ciclo è sempre maggiore di zero e minore o uguale a uno.

## Rendimento di un ciclo di Carnot

Il massimo rendimento che una macchina termica ideale può raggiungere è quello che si ottiene con il *ciclo di Carnot* rappresentato in figura: è un ciclo costituito da due trasformazioni isoterme (A → B e C → D) e due trasformazioni adiabatiche (B → C e D → A). Il lavoro prodotto in ciascun ciclo compiuto dalla macchina termica è numericamente uguale all'area del ciclo.

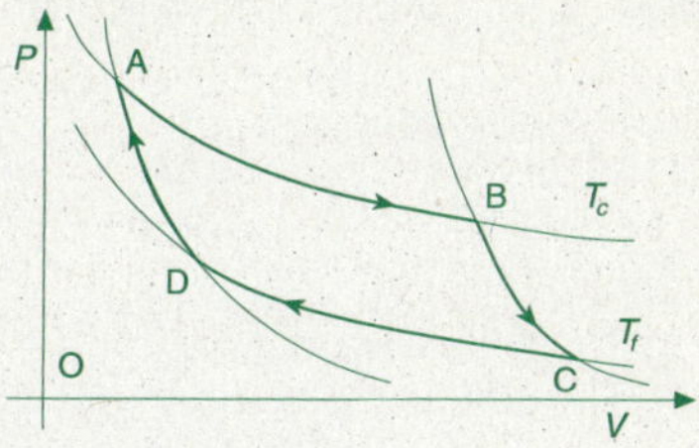


Per il ciclo di Carnot si ha che:

$$\frac{T_f}{T_c} = \frac{Q_f}{Q_c} \quad \rightarrow \quad \eta = 1 - \frac{Q_f}{Q_c} = 1 - \frac{T_f}{T_c}$$

dove **la temperatura è espressa in kelvin.** Quindi il rendimento di una macchina termica che segue il ciclo di Carnot dipende solo dalle temperature dei due termostati.

☞ Il frigorifero è un esempio di macchina termica ciclica che segue un ciclo di Carnot con senso di percorrenza opposto: prende calore dalla sorgente fredda (l'interno del frigo) e lo cede alla sorgente calda (ambiente esterno).

Viene analizzato ora un ciclo di Carnot, suddiviso nelle quattro trasformazioni; per ciascuna di esse viene calcolato anche il calore scambiato, il lavoro fatto o subito e la variazione di energia interna.

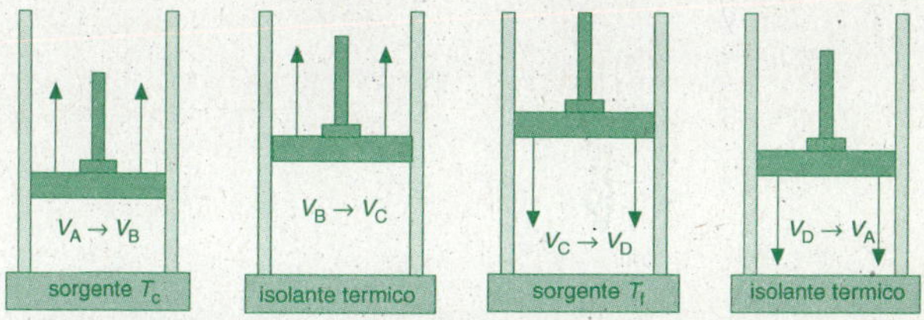


| | **Espansione isoterma (A → B)** | **Espansione adiabatica (B → C)** | **Compressione isoterma (C → D)** | **Compressione adiabatica (D → A)** |
|---|---|---|---|---|
| **Variazione temperatura** | $T$ = costante = $T_c$ | $T_c \rightarrow T_f$ | $T$ = costante = $T_f$ | $T_f \rightarrow T_c$ |
| **Variazione volume** | $V_A \rightarrow V_B$ | $V_B \rightarrow V_C$ | $V_C \rightarrow V_D$ | $V_D \rightarrow V_A$ |
| **Lavoro** | $nRT_c \ln\frac{V_B}{V_A}$ | $nc_V(T_c - T_f)$ | $nRT_f \ln\frac{V_D}{V_C}$ | $nc_V(T_f - T_c)$ |
| **Calore scambiato** | $nRT_c \ln\frac{V_B}{V_A}$ | 0 | $nRT_f \ln\frac{V_D}{V_C}$ | 0 |
| **$\Delta U$** | 0 | $nc_V(T_f - T_c)$ | 0 | $nc_V(T_c - T_f)$ |

## 2.5 Trasformazioni reversibili e irreversibili

Le variabili di un sistema che sta subendo una trasformazione assumono valori dipendenti dalle condizioni iniziali e dal tipo di trasformazione. Non sempre durante la trasformazione è possibile specificare con esattezza i valori di tutte le variabili: ad esempio, in una veloce compressione di un gas, la sua pressione risulta variare da punto a punto e da istante a istante, rendendo impossibile una sua determinazione. Le trasformazioni che, al contrario, possono essere seguite variabile per variabile e istante per istante sono dette **reversibili**. Perché si possano realizzare devono verificarsi le condizioni seguenti:

- le cause che provocano la trasformazione sono di entità infinitamente piccola;
- la trasformazione può essere vista come una successione di stati di equilibrio nei quali le variabili sono definite;
- il verso della trasformazione può essere cambiato in ogni istante: ogni trasformazione reversibile può essere percorsa in un senso o nell'altro.

Se in una trasformazione sono presenti gli attriti, la trasformazione non è reversibile; poiché le trasformazioni reali comprendono sempre gli attriti, esse sono sempre **irreversibili**.

**Tutte le trasformazioni reali sono irreversibili.**

Il ciclo di Carnot, come ogni curva rappresentabile nel piano *PV*, è un ciclo reversibile e quindi teorico. Ogni macchina termica reale che segue le quattro trasformazioni di Carnot ha un rendimento inferiore a quello ideale.

**Teorema di Carnot:**

- **tutti i cicli di Carnot compiuti tra due sorgenti alle temperature $T_1$ e $T_2$ hanno lo stesso rendimento;**
- **a ogni ciclo irreversibile seguito da una macchina termica che lavora tra due sorgenti corrisponde un rendimento inferiore a quello che si avrebbe se il ciclo fosse reversibile.**

In un ciclo di Carnot, detti $Q_1$ e $Q_2$ i calori scambiati con le sorgenti 1 e 2 alle temperature $T_1$ e $T_2$ valgono le relazioni:

$$\begin{cases} \dfrac{Q_1}{T_1} + \dfrac{Q_2}{T_2} = 0 & \text{trasformazione reversibile} \\ \dfrac{Q_1}{T_1} + \dfrac{Q_2}{T_2} < 0 & \text{trasformazione irreversibile} \end{cases}$$

Se le trasformazioni coinvolgono più sorgenti, le relazioni diventano:

$$\begin{cases} \sum \dfrac{Q_i}{T_i} = 0 & \text{trasformazione reversibile} \\ \sum \dfrac{Q_i}{T_i} < 0 & \text{trasformazione irreversibile} \end{cases}$$

Qualunque sia il tipo di trasformazione, vale la **disuguaglianza di Clausius**:

$$\sum \frac{Q_i}{T_i} \leq 0$$

## 2.6 Entropia

Si tratta di un concetto che in natura riveste grande importanza coinvolgendo molte branche della scienza. Una trattazione esauriente esula dallo scopo di questo testo: ci si limita quindi a un accenno.

L'entropia è una *funzione di stato* che ammette due definizioni.

### Entropia termica

La variazione di entropia di un sistema che subisce una trasformazione isoterma *reversibile* dallo stato A allo stato B è uguale al rapporto fra il calore scambiato con l'esterno e la temperatura $T$ del sistema. Simbolicamente si ha:

$$\Delta S = S_B - S_A = \frac{\Delta Q_{rev}}{T}$$

Se il sistema subisce una trasformazione irreversibile, si ha:

$$\Delta S = S_B - S_A > \frac{\Delta Q_{irr}}{T}$$

e il valore di $\Delta Q_{irr}$ non può essere usato per il calcolo di $\Delta S$.

Se una trasformazione è adiabatica, $\Delta Q = 0$ e quindi la variazione di entropia è maggiore o uguale a zero, a seconda che la trasformazione sia irreversibile o reversibile. In natura tutte le trasformazioni sono irreversibili e l'entropia aumenta sempre.

**L'evoluzione di un sistema isolato è spontanea quando avviene con un aumento di entropia.**

### Entropia configurazionale

L'entropia $S$ di un sistema è una misura del disordine in cui il sistema si trova:

$$S = k \cdot \ln W$$

dove $W$ è la *probabilità termodinamica* associata alla configurazione del sistema.

Se il disordine del sistema aumenta, aumenta $W$ e poiché la funzione logaritmo è sempre crescente, aumenta di conseguenza anche l'entropia $S$ del sistema.

Si immagini di scuotere una scatola trasparente contenente palline rosse e nere, inizialmente disposte in modo ordinato (per esempio le palline nere sotto e le rosse sopra). È estremamente improbabile che la configurazione iniziale si ripresenti; al contrario ciò che si osserva è una distribuzione delle palline via via più disordinata (o equivalentemente sempre più probabile) alla quale è associato un valore entropico che cresce nel tempo.

**In natura i sistemi evolvono spontaneamente verso stati a cui compete una configurazione più probabile, di maggior disordine, di maggior contenuto entropico.**

Senza entrare nei dettagli, si forniscono i seguenti risultati:

- le trasformazioni adiabatiche reversibili sono isoentropiche (entropia costante);
- l'entropia di un gas perfetto è pari a:

$$S = n \cdot c_V \cdot \ln(T \cdot V^{\gamma - 1}) = n \cdot c_V \cdot \ln(P \cdot V^{\gamma}) = -n \cdot R \cdot \ln\left[P \cdot T^{\frac{\gamma}{1-\gamma}}\right] \quad \text{con: } \gamma = \frac{c_P}{c_V}$$

## 2.6.1 Moto perpetuo di prima e seconda specie

Il primo principio della termodinamica esprime una legge di conservazione dell'energia totale (meccanica e termica): per compiere lavoro una macchina deve prendere calore dall'ambiente esterno. Viene in questo modo negata la possibilità di un **moto perpetuo di prima specie**, cioè la produzione di lavoro senza assorbimento di calore o di energia dall'esterno.

Il primo principio non è però in disaccordo con il fatto che una macchina termica possa sfruttare in maniera ciclica il calore, per esempio del mare, per produrre lavoro in modo continuo. Si tratterebbe del cosiddetto **moto perpetuo di seconda specie**, in cui il calore viene integralmente trasformato in lavoro. Si può dimostrare che per produrre lavoro in modo continuo non è sufficiente lavorare con un'unica sorgente di calore, ma è necessario averne due a temperature differenti; l'effetto di questo vincolo è che solo parte del calore ceduto dalla sorgente calda può essere trasformato in lavoro. Questo è quanto afferma la teoria dell'entropia e il secondo principio della termodinamica.

## 2.7 Secondo principio della termodinamica

Il primo principio della termodinamica afferma che l'energia non si crea e non si distrugge; esso però **non** pone alcun limite alle trasformazioni dell'energia tra le sue forme diverse (termica, meccanica, elettrica, chimica ecc.). Il primo principio, per esempio, è in pieno accordo con il fatto che, contrariamente a ciò che avviene in natura, l'energia termica si possa trasformare **integralmente** in energia meccanica. Questa trasformazione, come tutte le altre è invece limitata dal secondo principio della termodinamica che descrive la direzione naturale di evoluzione dei sistemi termodinamici e delle trasformazioni energetiche. Il secondo principio può essere enunciato in tre modi tra loro equivalenti.

**I tre enunciati sono equivalenti tra loro: ognuno di essi comprende gli altri. Se uno dei tre dovesse risultare falso, sarebbero falsi anche gli altri due.**

### Enunciato secondo Kelvin

È impossibile far compiere a una macchina termica una trasformazione il cui **unico risultato** sia quello di trasformare **integralmente** in lavoro il calore assorbito da una sola sorgente. Dunque $\eta < 1$ (il primo principio vieta solo che il rendimento sia maggiore di 1).

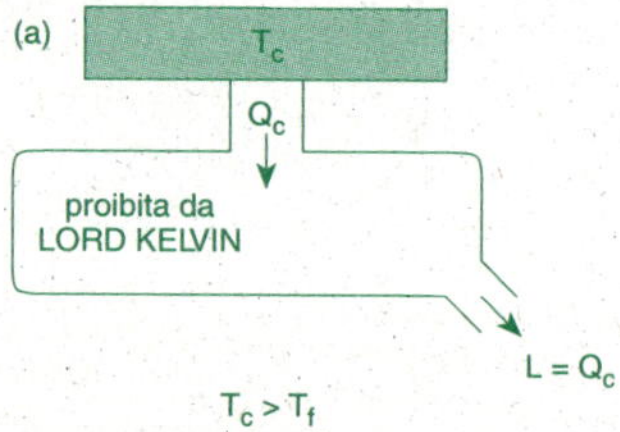


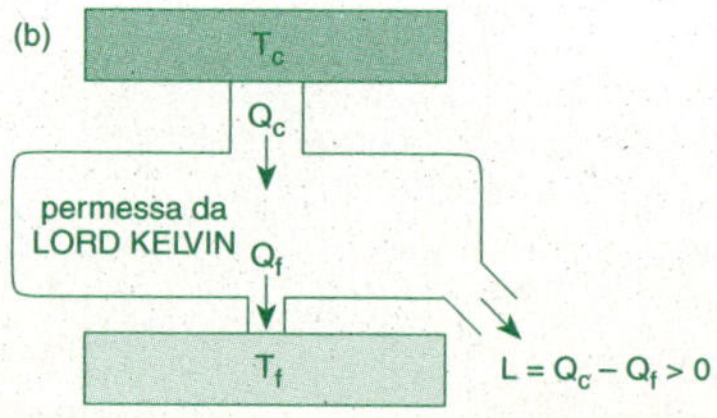


Schematizzazione degli scambi energetici di una macchina termica che lavora tra due termostati.
(a): tutto il calore assorbito dalla sorgente calda viene convertito in lavoro meccanico; si tratta di una trasformazione che non può avvenire in natura.
(b): solo parte del calore assorbito dalla macchina viene da questa convertita in lavoro; la restante parte viene ceduta a una sorgente fredda.

## Enunciato secondo Clausius

Il calore passa **spontaneamente** dai corpi caldi ai corpi freddi e non viceversa.

## Terzo enunciato

In un *sistema isolato* ogni trasformazione **spontanea** (irreversibile) comporta un **aumento** di entropia.

# TEST DI VERIFICA

1 **Una caloria (cal) equivale a circa:**

A 1 W
B 1/273 J
C 1 erg · m
D 4,18 J

2 **Il calore è una grandezza fisica caratteristica di ciascun corpo?**

A Sì
B Solo se la temperatura rimane costante
C No
D Solo se lo è anche la temperatura

3 **Se si forniscono lentamente 100 J di calore a un blocco di 1 kg di ghiaccio che si trova alla temperatura di – 10 °C, si verifica che:**

A il ghiaccio si scioglie
B la temperatura del ghiaccio aumenta, ma il ghiaccio non si scioglie
C la temperatura del ghiaccio aumenta e contemporaneamente il ghiaccio si scioglie
D nessuna delle precedenti

4 **Sapendo che il calore specifico dell'acqua è pari a 1 kcal/(kg·°C), qual è l'aumento di temperatura di 20 litri d'acqua che si trovano a 20 °C e ai quali vengono fornite 100 kcal di calore?**

A 1 °C
B 1 K
C 5 °C
D 10 °C
E 20 °C

5 **La grandezza fisica che si può misurare in kg · $m^2/s^2$ è:**

A la quantità di moto
B la quantità di calore
C il calore specifico
D la forza

6 **La trasmissione del calore per conduzione, a parità di tutte le altre condizioni, avviene più facilmente attraverso:**

A aria
B plastica
C legno
D alluminio

7 **Il caffè contenuto in una tazza situata in un ambiente a temperatura costante di 20 °C si è raffreddato dalla temperatura di 90 °C a quella di 70 °C in tre minuti. Se si desidera bere il caffè alla temperatura di 50 °C è necessario attendere ancora:**

A 1 minuto
B 2 minuti
C 3 minuti
D più di 3 minuti
E non si può rispondere senza conoscere il calore specifico dell'acqua

8 **20 litri di gas alla pressione di 2 atm vengono espansi fino a un volume di 40 litri e portati a una pressione di 1 atm. La trasformazione viene eseguita seguendo due strade diverse: isobara + isocora (1º percorso) oppure isocora + isobara (2º percorso). Quanto vale il rapporto tra i lavori svolti dal gas nei due diversi cammini?**

A $L_1/L_2 = 2$
B $L_1/L_2 = 1$
C $L_1/L_2 = 1/2$
D $L_1/L_2 = 0$

9 **Un frigorifero ha lo scopo di mantenere a bassa temperatura una cella frigorifera. Nel contempo esso ha l'effetto di:**

A riscaldare l'ambiente in cui si trova
B raffreddare l'ambiente
C lasciare immutato l'ambiente
D aumentare l'umidità dell'ambiente
E ridurre l'inquinamento dell'ambiente

10 **Quale delle seguenti affermazioni è corretta?**

**L'energia totale di un sistema isolato:**

A non aumenta, né diminuisce
B tende sempre ad aumentare
C tende sempre a diminuire
D aumenta con l'aumentare della temperatura

11 **Se un corpo A cede una certa quantità di calore al corpo B che ha la stessa massa di A:**

A la temperatura di A varia tanto quanto quella di B
B entrambi i corpi si portano a una stessa temperatura che è inferiore a quella di B
C le variazioni di temperatura dei due corpi sono direttamente proporzionali alle rispettive capacità termiche
D il rapporto delle variazioni di temperatura dei due corpi è uguale al reciproco del rapporto dei rispettivi calori specifici, cambiato di segno

**12** **Miscelando 1 kg massa di acqua avente temperatura di 80 °C con una massa uguale di acqua a 20 °C, quale temperatura assumerà la miscela (supponendo che il calore specifico non dipenda dalla temperatura stessa)?**

**A** $(80 - 20)\ °C = 60\ °C$

**B** $\frac{(80 \cdot 20)}{(80 - 20)}\ °C = 26{,}67\ °C$

**C** $\frac{(80 + 20)}{2}\ °C = 50\ °C$

**D** $\frac{(80 - 20)}{2}\ °C = 30\ °C$

**E** Per rispondere bisogna conoscere il valore del calore specifico dell'acqua

**13** **Nelle centrali elettriche si usa calore per produrre energia elettrica; è possibile produrre calore dall'energia elettrica?**

**A** Sì
**B** Sì, ma non tutta l'energia elettrica può essere trasformata in calore
**C** No
**D** No, in quanto quella elettrica è una forma pregiata di energia

**14** **Si calcoli il segno della variazione di entropia di un sistema termodinamico formato da un cubetto di ghiaccio a 0 °C che si scioglie in acqua di mare a 20 °C.**

**A** $\Delta S < 0$
**B** $\Delta S > 0$
**C** $\Delta S = 0$
**D** Per rispondere bisogna conoscere la massa del cubetto di ghiaccio

# SOLUZIONI E COMMENTI

**1** Attraverso l'esperimento condotto dal fisico inglese Joule con il famoso mulinello che porta il suo nome, si è visto che il calore (precedentemente misurato in calorie) è equivalente (dal punto di vista dimensionale) al lavoro meccanico e quindi all'energia; il calore si misura quindi in joule. L'equivalenza tra joule e calorie è la seguente:

$$1 \text{ cal} = 4{,}186 \text{ J}$$ (risposta **D**).

**2** Il calore può essere pensato come un fluido di energia (termica) che può liberamente passare da un corpo all'altro. Il fatto che una certa quantità di calore abbandoni un corpo non ne cambia l'identità: la risposta esatta è la **C**.

**3** Il calore fornito a un blocco di ghiaccio che si trova a una temperatura minore di 0 °C si traduce inizialmente in un aumento di temperatura e non in un passaggio di stato.

Solo quando il ghiaccio ha raggiunto la temperatura di 0 °C si innesca il cambiamento di stato (solido-liquido) durante il quale la temperatura rimane inalterata.

Nel caso in esame, la quantità di energia ceduta (100 J) è così piccola che il cubo di ghiaccio non riesce a raggiungere la temperatura di 0 °C. Si può calcolare il modesto aumento di temperatura causato dai 100 J. L'aumento di temperatura $\Delta T$ che la quantità di calore $\Delta Q$ provoca alla massa $m$ di ghiaccio si ricava dalla relazione:

$$\Delta Q = m \cdot c_{\text{ghiaccio}} \cdot \Delta T$$

dove $\Delta Q = 100 \text{ J} = 100/4{,}186 \text{ cal}$ e $m = 1 \text{ kg}$.

Ricordando che $c_{\text{ghiaccio}} = 0{,}5 \text{ cal}/(\text{g} \cdot °\text{C}) = 500 \text{ cal}/(\text{kg} \cdot °\text{C})$ si ricava:

$$\Delta T = \frac{\Delta Q}{m \cdot c_{\text{ghiaccio}}} = \frac{100/4{,}186 \text{ cal}}{1 \text{ kg} \cdot 500 \text{ cal}/(\text{kg} \cdot °\text{C})} \approx 0{,}05 \text{ °C}$$

La risposta esatta è quindi la **B**.

**4** Fornendo una quantità $\Delta Q$ di energia a un corpo di massa $m$ e calore specifico $c$, si registra un aumento $\Delta T$ della sua temperatura tale che:

$$\Delta Q = m \cdot c \cdot \Delta T \quad \rightarrow \quad \Delta T = \frac{\Delta Q}{m \cdot c}$$

Nel testo del quesito non viene fornita la massa della quantità d'acqua, ma il suo volume. È comunque possibile risalire alla sua massa ricordando che la densità dell'acqua è pari a 1 kg/l. Quindi 20 litri corrispondono a 20 kg.

Sostituendo i valori si trova:

$$\Delta T = \frac{100 \text{ kcal}}{20 \text{ kg} \cdot 1 \dfrac{\text{kcal}}{\text{kg} \cdot °\text{C}}} = 5 \text{ °C}$$

Si noti che per calcolare l'aumento di temperatura non è necessario conoscere la temperatura iniziale del corpo. La risposta corretta è la **C**.

5 La quantità $kg \cdot m^2/s^2$ corrisponde dimensionalmente a una massa moltiplicata per il quadrato di una lunghezza e divisa per il quadrato di un tempo. L'espressione dimensionale delle quattro grandezze indicate è:

$$\text{quantità di moto} = [M] \cdot \frac{[L]}{[T]} \qquad \text{quantità di calore} = [M] \cdot \frac{[L]^2}{[T]^2}$$

$$\text{calore specifico} = \frac{[L]^2}{[T]^2 \cdot [K]^2} \qquad \text{forza} = [M] \cdot \frac{[L]}{[T]^2}$$

L'unica grandezza tra le quattro indicate che si può misurare in $kg \cdot m^2/s^2$ è la quantità di calore (risposta **B**).

6 I buoni conduttori elettrici sono solitamente anche buoni conduttori termici. L'alluminio è un metallo, quindi un buon conduttore, mentre l'aria, la plastica e il legno sono pessimi conduttori sia elettrici che termici. La risposta esatta è la **D**.

7 La velocità con cui il calore passa da un corpo (caffè) a un altro (aria) in contatto termico è direttamente proporzionale alla differenza di temperatura fra i due corpi. Il raffreddamento del caffè è dunque più veloce all'inizio (da 90 °C a 70 °C) che non nei successivi venti gradi (da 70 °C a 50 °C). La risposta corretta è dunque la **D**.

8 Si indichi con A lo stato di partenza e con B quello di arrivo. L'isobara iniziale corrisponde al tratto A-C, mentre l'isocora seguente è rappresentata da C-B. Il lavoro nei due tratti è:

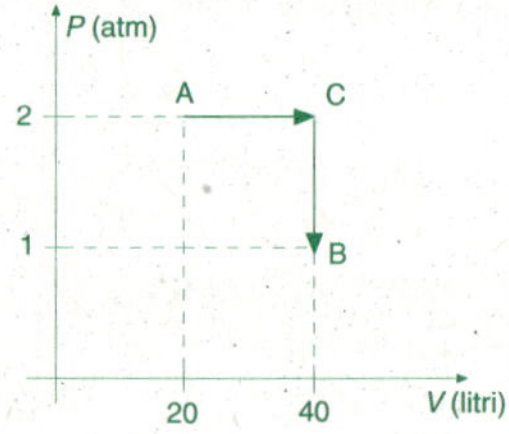


$$L_{AC} = P \cdot \Delta V = 2 \text{ atm} \cdot 20 \text{ l} = 40 \text{ l} \cdot \text{atm}$$

$$L_{CB} = P \cdot \Delta V = P \cdot 0 \text{ l} = 0 \text{ l} \cdot \text{atm}$$

Quindi il lavoro totale eseguito lungo il primo percorso è:

$$L_1 = L_{AC} + L_{CB} = 40 \text{ l} \cdot \text{atm}$$

Nel secondo percorso, si ha prima l'isocora A-C e poi l'isobara C-B. Il lavoro eseguito durante queste due trasformazioni è pari a

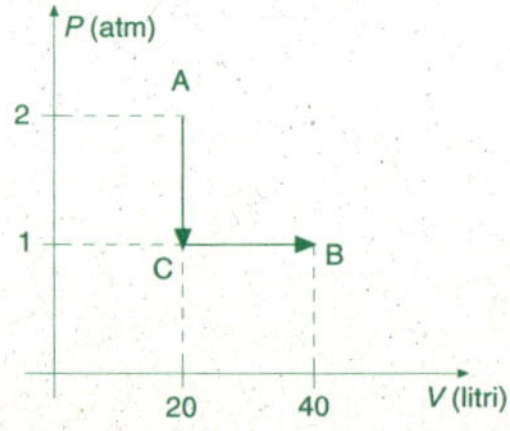


$$L_{AC} = P \cdot \Delta V = P \cdot 0 \text{ l} = 0 \text{ l} \cdot \text{atm}$$

$$L_{CB} = P \cdot \Delta V = 1 \text{ atm} \cdot 20 \text{ l} = 20 \text{ l} \cdot \text{atm}$$

Il lavoro totale lungo il secondo percorso è:

$$L_2 = L_{AC} + L_{CB} = 20 \text{ l} \cdot \text{atm}$$

Il rapporto tra i due lavori è quindi $L_1/L_2 = 2$ (risposta **A**)

9 Un frigorifero trasferisce il calore dall'interno all'esterno con il conseguente effetto di riscaldare l'ambiente in cui si trova (risposta **A**).

10 Il sistema è isolato: non scambia né calore, né lavoro, né materia con l'ambiente; la sua energia totale quindi non cambia. La risposta esatta è la **A**.

**11** Per rispondere a questo quesito si utilizza la relazione che lega il calore specifico $c$ di un corpo di massa $m$ con la variazione $\Delta T$ della sua temperatura:

$$\Delta Q = m \cdot c \cdot \Delta T \quad \rightarrow \quad \Delta T = \frac{\Delta Q}{m \cdot c}$$

dove $\Delta Q$ è il calore assorbito o ceduto dal corpo. Per i due corpi A e B si ha:

$$\Delta T_A = \frac{\Delta Q_A}{m \cdot c_A} \qquad \Delta T_B = \frac{\Delta Q_B}{m \cdot c_B}$$

Il calore ceduto dal corpo A è evidentemente uguale al calore acquistato dal corpo B ($\Delta Q_A = -\Delta Q_B$). Si ottiene:

$$\frac{\Delta T_A}{\Delta T_B} = -\frac{\Delta Q}{m \cdot c_A} \cdot \frac{m \cdot c_B}{\Delta Q} = -\frac{c_B}{c_A}$$

La risposta corretta è dunque la **D**.

**12** Uguagliando il calore ceduto dalla massa più calda a quello assorbito da quella più fredda ed eliminando i calori specifici che sono ovviamente uguali (si tratta sempre di acqua), si trova:

$$T_f = \frac{T_1 \cdot m_1 + T_2 \cdot m_2}{m_1 + m_2} \quad \rightarrow \quad T_f = \frac{80\ °C \cdot 1\ kg + 20\ °C \cdot 1\ kg}{1\ kg + 1\ kg} = 50\ °C$$

per cui la risposta corretta è la **C**.

**13** Il secondo principio della termodinamica vieta di poter trasformare integralmente il calore in lavoro o il calore in energia elettrica ma non vieta che avvenga la trasformazione inversa: l'energia termica è, tra le possibili forme di energia esistenti in natura, la più degradata e quindi la meno preziosa. La risposta al quesito è dunque la **A**.

**14** Lo scioglimento del cubetto di ghiaccio è una trasformazione irreversibile. Indicando con $Q$ il valore assoluto del calore ceduto dal cubetto al mare, la variazione di entropia del cubetto è pari a:

$$\Delta S_{ghiaccio} = \frac{Q}{T_1} > 0$$

dove $T_1 = 0\ °C = 273\ K$

La variazione di entropia del mare è:

$$\Delta S_{mare} = -\frac{Q}{T_2} < 0$$

dove $T_2 = 20\ °C = 293\ K$

La variazione totale di entropia è pari a:

$$\Delta S = \Delta S_{ghiaccio} + \Delta S_{mare} = \frac{Q}{T_1} - \frac{Q}{T_2}$$

Poiché $T_2 > T_1$ si ha $\Delta S > 0$ : l'entropia aumenta (risposta **B**).

# 3 ONDE

Se si perturba un punto di un mezzo esteso (per esempio uno specchio d'acqua in cui viene lanciato un sasso), si può notare la perturbazione estendersi ai punti circostanti: si tratta di un *fenomeno ondulatorio.*

**Un'onda è un'oscillazione che si propaga nello spazio trasportando energia, ma non materia.**

Appoggiando un tappo di sughero su uno specchio d'acqua e provocando un'onda, si nota che il tappo oscilla verticalmente ma non ha spostamenti orizzontali: la materia non viene trasportata dall'onda.

## 3.1 Classificazione delle onde esistenti in natura

Le onde si distinguono in:

- **onde meccaniche**: il meccanismo della loro propagazione ha origine dalle proprietà elastiche del mezzo in cui si trasmettono; **hanno bisogno di un mezzo nel quale propagarsi**; non si propagano nel vuoto (le onde acustiche sono un esempio di onde meccaniche);
- **onde elettromagnetiche**: il meccanismo della loro propagazione ha origine dalle proprietà dei campi elettrici e magnetici; **non** hanno bisogno di un mezzo nel quale propagarsi; si propagano anche nel vuoto (si pensi alla luce del Sole che giunge fino a noi attraversando 150.000.000 di chilometri di spazio vuoto).

Le onde si dividono anche in trasversali e longitudinali:

- **onde trasversali**: la direzione di vibrazione è perpendicolare alla direzione di propagazione dell'onda;
- **onde longitudinali**: la direzione di vibrazione è parallela alla direzione di propagazione dell'onda.

**Onde trasversali**

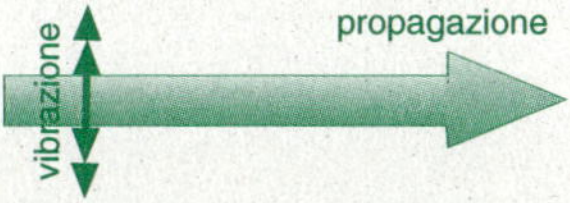


Le onde sull'acqua e la luce sono onde di tipo trasversale.

**Onde longitudinali**

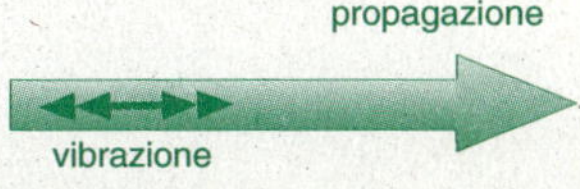


Il suono è un fenomeno ondulatorio costituito da onde longitudinali.

Le onde meccaniche possono propagarsi indifferentemente nei solidi, nei liquidi e negli aeriformi. In particolare si ha che:

- nei solidi si propagano sia onde longitudinali che trasversali;
- nei gas e all'interno dei liquidi si propagano solo onde longitudinali;
- sulla superficie dei liquidi si propagano onde trasversali.

Mentre le onde meccaniche necessitano di un mezzo per propagarsi, le onde elettromagnetiche viaggiano indifferentemente nel vuoto e nella materia: la luce, per esempio, si propaga anche nei liquidi e in misura minore nei solidi.

## 3.2 Caratteristiche di un'onda

### Periodo T

Tempo necessario a compiere un'oscillazione completa (si misura in secondi).

### Lunghezza d'onda λ

Distanza fra due fronti d'onda contigui in concordanza di fase: coincide con la distanza percorsa dall'onda in un periodo (si misura in metri).

### Frequenza ν

Numero di oscillazioni al secondo (si misura in Hz).

### Velocità v

È la velocità con cui si propaga l'energia trasportata dall'onda (si misura in m/s).

### Ampiezza A

Per le onde meccaniche corrisponde al massimo spostamento di una particella dalla sua posizione di equilibrio.

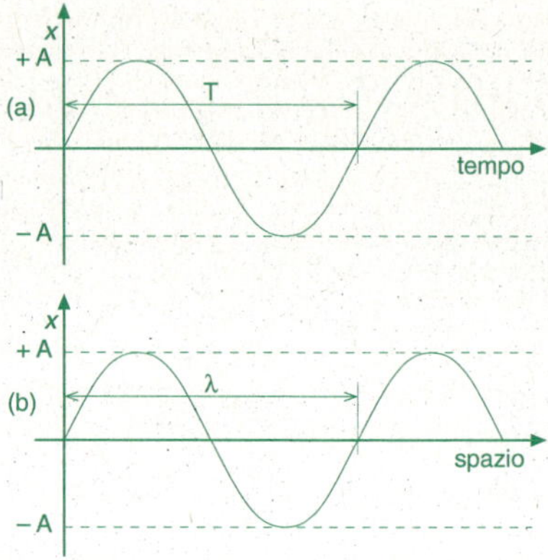


Rappresentazione dell'andamento di un'onda sinusoidale nel tempo e nello spazio.

Come si vede dalla figura, per disegnare un'onda viene usata una rappresentazione di tipo sinusoidale (si veda, nella stessa collana, *Matematica* 2). La figura (a) rappresenta l'oscillazione di un punto *x* al variare del tempo, mentre la (b) è un'immagine del profilo dell'onda in un momento *t* fissato. In entrambi i casi il risultato è una sinusoide, data la natura oscillatoria del fenomeno.

**Il periodo e la frequenza di un'onda esprimono proprietà intrinseche dell'onda mentre la lunghezza d'onda, la velocità e l'ampiezza dipendono dal mezzo nel quale l'onda si propaga.**

Valgono le seguenti notevoli relazioni:

$$\left.\begin{aligned} T &= \frac{1}{\nu} \\ v &= \frac{\lambda}{T} \end{aligned}\right\} \Rightarrow v = \nu \cdot \lambda$$

**La lunghezza d'onda delle onde elettromagnetiche viene spesso misurata in Angstrom (Å) dove 1 Å = $10^{-10}$ m**

**Si calcoli la frequenza di un'onda avente una lunghezza d'onda pari a 4000 Å e una velocità pari a quella della luce c = 300.000 km/s.**

La frequenza è data da:

$$\nu = \frac{c}{\lambda} = \frac{300.000\ \frac{\text{km}}{\text{s}}}{6000 \cdot 10^{-13}\ \text{km}} = 50 \cdot 10^{13}\ \text{Hz}$$

### 3.2.1 Fase di un'onda

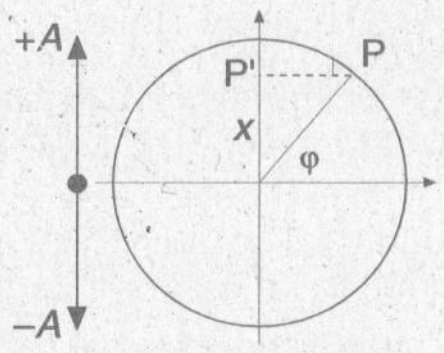


L'oscillazione regolare di un punto $x$ intorno a una posizione di equilibrio costituisce un moto armonico. Un'onda può essere quindi studiata come moto armonico di un punto la cui distanza dalla posizione di equilibrio è detta *elongazione*. D'altra parte il moto armonico si può definire come il moto della proiezione P' di un punto P che si muove con velocità angolare costante $\omega$ lungo una circonferenza (si veda *Fisica* 1). Si supponga che all'istante iniziale $t = 0$ il punto P si trovi in un punto della circonferenza tale da formare un angolo $\varphi$ con l'asse orizzontale.

Dopo un tempo $t$, l'angolo assume il valore $(\omega \cdot t + \varphi)$.

La legge oraria che il punto segue nella sua oscillazione è del tipo:

$$x(t) = A\text{sen}(\omega \cdot t + \varphi)$$

dove:

- $A$ è l'ampiezza dell'onda, ed è il massimo valore dell'elongazione;
- $\omega$ è la pulsazione: $\omega = \frac{2\pi}{T} = 2\pi\nu$
- $(\omega \cdot t + \varphi)$ è detta *fase* dell'onda e $\varphi$ è la fase iniziale.

All'istante iniziale del moto, $t = 0$, l'elongazione del punto è pari a $x(t) = A\text{sen}\varphi$. Questo significa che se l'angolo $\varphi$ è nullo, l'elongazione del punto all'istante iniziale è proprio uguale all'ampiezza $A$.

Due onde possono avere stessa frequenza, ampiezza, lunghezza d'onda e velocità, ma avere fase diversa. In particolare, due onde aventi la stessa frequenza si possono trovare in concordanza, in opposizione, in anticipo, in ritardo o in quadratura di fase, come illustrato nelle figure seguenti.

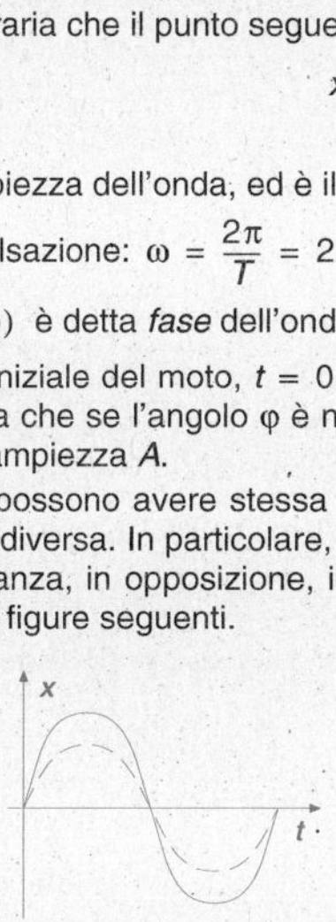


(a) Onde in concordanza di fase: quando l'elongazione della prima è massima lo è anche quella della seconda.

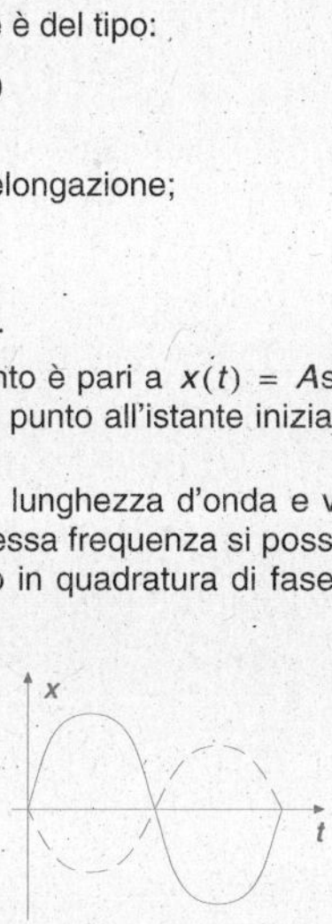


(b) Onde in opposizione di fase: quando l'elongazione della prima onda è massima, quella della seconda è minima.

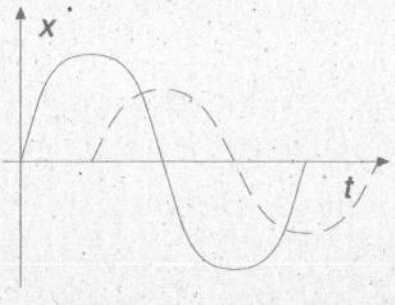


(c) Onde in quadratura di fase: la seconda è in ritardo rispetto alla prima di un quarto di periodo, per cui quando l'elongazione della prima ha un massimo, quella della seconda è nulla.

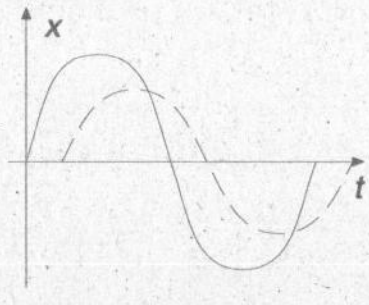


(d) Onde sfasate in maniera casuale: la prima onda è in anticipo di fase rispetto alla seconda, che viene di conseguenza detta in ritardo di fase.

### 3.2.2 Fronti d'onda

Il **fronte d'onda** è la superficie ipotetica formata da tutti i punti che, a un dato istante, hanno lo stesso valore di fase.

In un fronte d'onda, i punti oscillanti si trovano alla stessa distanza dalla sorgente, spostati in maniera uguale dai rispettivi centri di oscillazione, ed hanno stessa velocità e stessa accelerazione. I fronti d'onda vengono anche detti **superfici d'onda**.
In base alla forma dei fronti d'onda si può fare un'ulteriore classificazione delle onde.

**Onde lineari**: onde che si propagano in un'unica direzione, con sorgente puntiforme. Le superfici d'onda sono dei punti.

**Onde circolari**: si propagano in un piano, ed hanno sorgente puntiforme. Le superfici d'onda sono circonferenze concentriche.

**Onde piane**: si propagano in un'unica direzione, ma hanno sorgente estesa. Le superfici d'onda sono rette parallele.

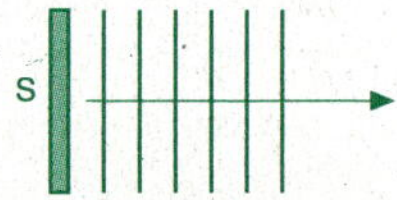


**Onde sferiche**: si propagano nello spazio e sono generate da sorgenti puntiformi. Le superfici d'onda sono sfere concentriche.

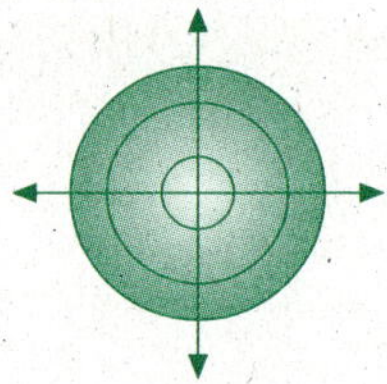

## Intensità di un'onda

Si è già detto che un'onda trasporta energia; l'intensità di un'onda è numericamente uguale alla quantità di energia che, nell'unità di tempo, attraversa l'unità di superficie disposta perpendicolarmente alla direzione di propagazione (si misura in watt al metro quadrato). L'energia e quindi l'intensità di un'onda sono proporzionali al quadrato dell'ampiezza e al quadrato della frequenza ( $I = k \cdot \nu^2 \cdot A^2$ ).

Se $r_1$ e $r_2$ sono le distanze di due punti dalla sorgente dell'onda e $I_1$ e $I_2$ sono le rispettive intensità dell'onda nei due punti, valgono le seguenti relazioni:

per le onde lineari e piane $I_1 = I_2 \Rightarrow$ **l'intensità di un'onda lineare e di un'onda piana è costante.**

per le onde circolari $I_1/I_2 = r_2/r_1 \Rightarrow$ **l'intensità di un'onda circolare è inversamente proporzionale alla distanza.**

per le onde sferiche $I_1/I_2 = r_2^2/r_1^2 \Rightarrow$ **l'intensità di un'onda sferica è inversamente proporzionale al quadrato della distanza.**

## 3.3 Fenomeni tipicamente ondulatori

### 3.3.1 Riflessione e rifrazione

Quando un'onda incontra, nel suo cammino, una superficie di separazione tra due mezzi di densità diversa, il raggio viene parzialmente riflesso e parzialmente rifratto da tale superficie.

In figura sono rappresentati i fenomeni della riflessione e della rifrazione di un raggio di luce nel passaggio aria-acqua.

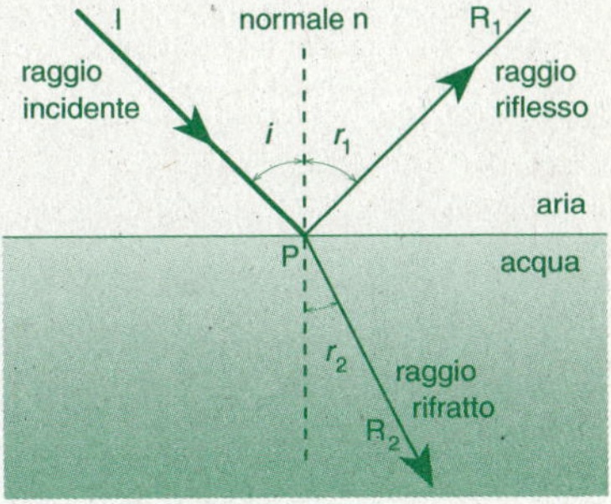


#### Leggi della riflessione

- Il raggio incidente I, il raggio riflesso $R_1$ e la normale n giacciono sullo stesso piano.
- L'angolo di incidenza è uguale all'angolo di riflessione: $i = r_1$.

Se $i = 0$, allora il raggio incidente si riflette su se stesso.

#### Leggi della rifrazione

Quando un'onda passa da un mezzo di densità $\rho_1$ a un mezzo di densità $\rho_2$ la sua direzione di propagazione cambia: si allontana o si avvicina alla normale alla superficie di separazione tra i due mezzi a seconda che $\rho_1$ sia maggiore o minore di $\rho_2$.

Insieme alla direzione di propagazione cambia anche la velocità di propagazione dell'onda nei due mezzi. Il fenomeno descritto prende il nome di rifrazione.

Nella figura precedente, è riportata la rifrazione di un raggio di luce nel passaggio aria-acqua. Il raggio che si propaga nel nuovo mezzo (acqua) si avvicina alla normale della superficie di separazione dei due mezzi. L'angolo di incidenza $i$ è maggiore dell'angolo di rifrazione $r_2$.

Valgono le leggi:

- il raggio incidente, il raggio rifratto e la normale n sono complanari;
- $\dfrac{\operatorname{sen} i}{\operatorname{sen} r} = \text{costante} = n_{1,2}$

  dove $n_{1,2}$ è detto *indice di rifrazione relativo* del mezzo 2 rispetto al mezzo 1.

Se il primo mezzo è il vuoto, l'indice di rifrazione relativo prende il nome di *indice di rifrazione assoluto* del mezzo 2. Si può dimostrare che:

$$n_{1,2} = \frac{n_2}{n_1}$$

dove $n_1$ e $n_2$ sono gli *indici di rifrazione assoluti* dei mezzi 1 e 2 rispetto al vuoto.

Indicando con $v_1$ e $v_2$ le velocità dell'onda nei mezzi 1 e 2, si dimostra che:

$$n_{1,2} = \frac{n_2}{n_1} = \frac{v_1}{v_2} \quad \rightarrow \quad \frac{v_1}{v_2} = \frac{\operatorname{sen} i}{\operatorname{sen} r_2}$$

Quindi se un'onda passa da un mezzo dove si muove più velocemente a un altro dove si muove meno velocemente, l'angolo di incidenza è più grande di quello di rifrazione e il raggio si avvicina alla normale alla superficie.

## 3.3.2 Diffusione

Se il raggio incidente colpisce una superficie non ben levigata, viene riflesso in direzioni differenti a seconda dell'inclinazione della parte di superficie colpita. Se con una torcia si illumina una parete, il raggio riflesso non *rimbalza* sulla parete formando un angolo di riflessione uguale a quello di incidenza, ma viene diffuso in tutte le direzioni, illuminando tutta la stanza.

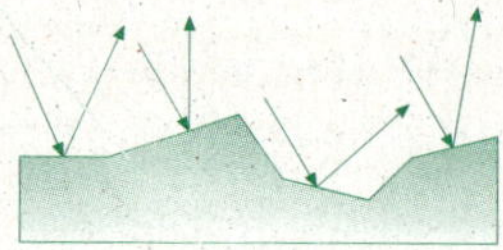

## 3.3.3 Principio di Huygens-Fresnel

Si consideri un'onda sferica che si propaga nello spazio; dopo un tempo $t$, l'onda ha raggiunto tutti i punti posti sulla superficie sferica di raggio $r = v \cdot t$ . Ciascun punto di questa superficie può essere considerato come una sorgente secondaria di onde sferiche; l'inviluppo esterno di queste onde secondarie costituisce la superficie d'onda dell'onda principale.

Nella figura a lato, $S$ rappresenta la sorgente dell'onda principale; la circonferenza a distanza $r$ da $S$ rappresenta la superficie d'onda principale. Ogni suo punto diventa sorgente di onde sferiche secondarie, disegnate con una linea tratteggiata. L'inviluppo di queste costituisce la superficie d'onda successiva.

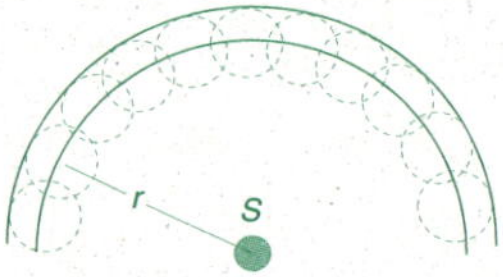


Fresnel dimostrò che le onde generate dalle sorgenti secondarie hanno ampiezza variabile a seconda della direzione di propagazione. In particolare, chiamando con α l'angolo tra la direzione di propagazione dell'onda principale e la superficie d'onda principale, per angoli maggiori di 90° l'ampiezza delle onde secondarie è nulla.

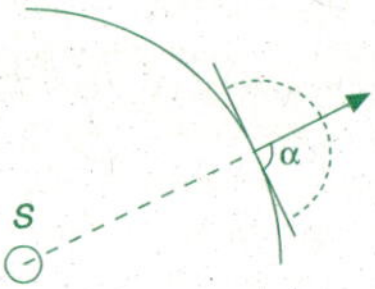


## 3.3.4 Diffrazione

Le onde possono anche presentare delle deviazioni della direzione di propagazione, dette fenomeni di diffrazione.

Il fenomeno è particolarmente evidente quando l'onda incontra un ostacolo o una fenditura le cui dimensioni sono confrontabili con quelle della lunghezza d'onda. Quando un'onda incontra un ostacolo nel suo cammino, il fronte dell'onda si deforma in modo tale da aggirare l'ostacolo (si veda la figura a lato).

Se l'onda colpisce una fenditura, per il principio di Huygens-Fresnel, la fenditura si comporta come una sorgente puntiforme da cui si originano onde nuove.

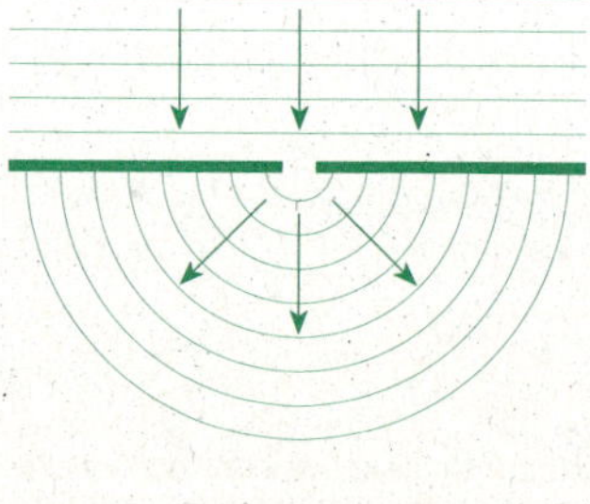

## 3.3.5 Interferenza

Si considerino due onde qualunque che si propagano in un mezzo e si fissi l'attenzione su un punto del mezzo. In ogni istante la perturbazione misurata in quel punto è data dalla somma algebrica delle singole perturbazioni: è il cosiddetto *principio di sovrapposizione*.

Sfruttando il principio di Huygens-Fresnel è possibile generare onde uguali provenienti da due punti differenti e studiare l'interazione tra le due. È sufficiente infatti porre uno schermo con due fenditure davanti a una sorgente di onde.

Se le due fenditure sono equidistanti dalla sorgente, ricevono in ogni momento la medesima superficie d'onda; i due punti si comportano come due *sorgenti coerenti* di un'onda, cioè come due sorgenti di onde in fase e aventi stessa frequenza e velocità di propagazione. La possibilità di avere due o più onde in fase è particolarmente preziosa per lo studio dell'interferenza e della diffrazione. Questo metodo è stato utilizzato per la prima volta dal fisico inglese Thomas **Young**.

Si considerino due onde generate da sorgenti coerenti.

Per il principio di sovrapposizione, le due oscillazioni si sommano algebricamente; la coerenza tra le onde fa sì che il risultato della sovrapposizione in un punto si mantenga costante nel tempo. Tale fenomeno prende il nome di **interferenza**.

Si parla di interferenza *costruttiva* o *distruttiva* a seconda che il risultato sia un rinforzo dell'intensità dell'onda in quel punto o un suo indebolimento. Nel primo caso le due vibrazioni sono in *concordanza di fase*, nel secondo sono in *opposizione di fase.*

Sfruttando il metodo di Young è possibile stabilire dove l'interferenza è costruttiva e dove è distruttiva.

Nella figura seguente, $S_1$ e $S_2$ sono due sorgenti coerenti, P è il punto dove si vuole misurare l'interferenza, $x_1$ e $x_2$ sono i cammini percorsi dalle due onde per giungere in P. Se la differenza tra i due cammini è uguale a un multiplo pari di mezze lunghezze d'onda, si ha interferenza costruttiva; se è uguale a un multiplo dispari di mezze lunghezze d'onda, l'interferenza è distruttiva.

- Interferenza costruttiva:

$$|x_1 - x_2| = 2k \cdot \frac{\lambda}{2}$$

- Interferenza distruttiva:

$$|x_1 - x_2| = (2k + 1) \cdot \frac{\lambda}{2}$$

con $k = 0, 1, 2...$

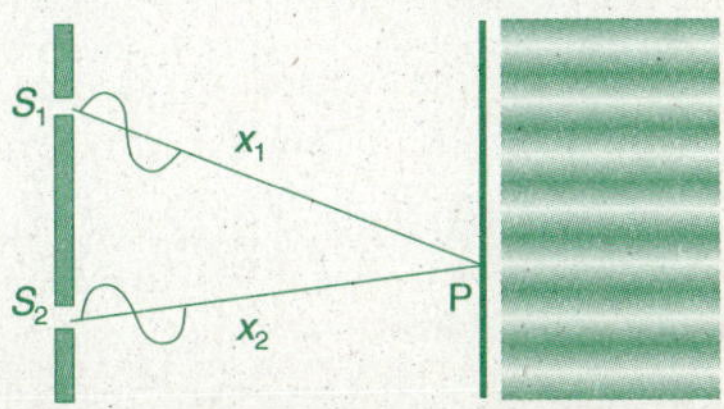


Figura di interferenza generata da due onde provenienti da sorgenti coerenti

La figura di interferenza che si raccoglie sullo schermo è formata da una successione di zone a interferenza costruttiva e distruttiva. Se le onde sono luminose, l'immagine che si forma è simile a quella disegnata nella figura a lato.

## Rappresentazioni grafiche del fenomeno dell'interferenza

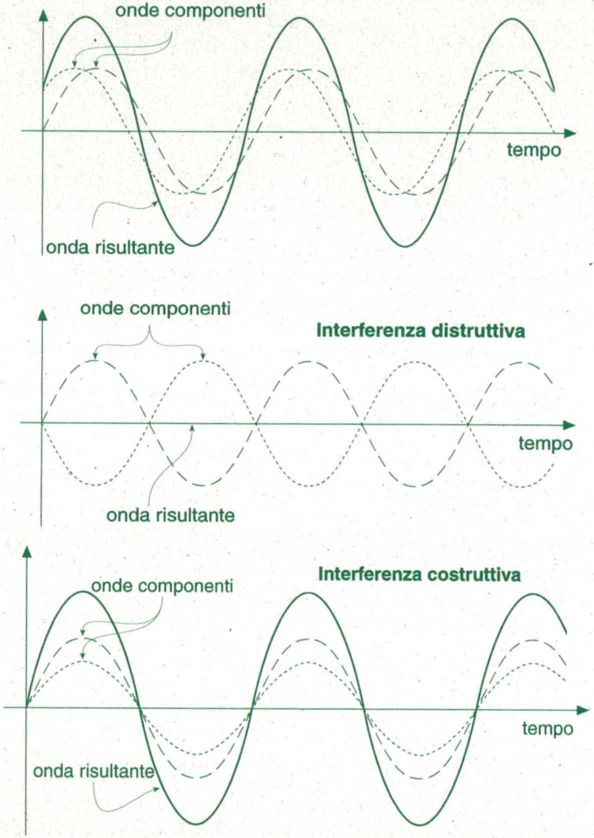


Tre casi di interferenza fra onde: nel primo caso le onde hanno la stessa frequenza e sono sfasate di un angolo qualunque. Nel secondo caso hanno la stessa frequenza e si trovano in opposizione di fase (interferenza distruttiva). Nel terzo caso hanno uguale frequenza e sono in fase (interferenza costruttiva).

## Onde stazionarie

Sono onde che si originano dalla sovrapposizione di due onde di uguale ampiezza che si propagano in direzioni opposte; sono caratterizzate dalla presenza di punti fissi detti *nodi*.

☞ Le onde stazionarie nell'acqua si possono osservare in prossimità di una parete verticale sulla quale le onde si riflettono. In questo caso infatti si ha sovrapposizione tra l'onda incidente e l'onda riflessa.

## 3.4 Onde sonore

Il suono è un'onda meccanica che ha bisogno di un mezzo nel quale propagarsi. Nei fluidi è un'*onda elastica longitudinale* costituita da una serie di strati in cui il fluido è alternativamente compresso e rarefatto (come rappresentato in figura); nei *solidi* è costituito da onde *trasversali* e *longitudinali.*

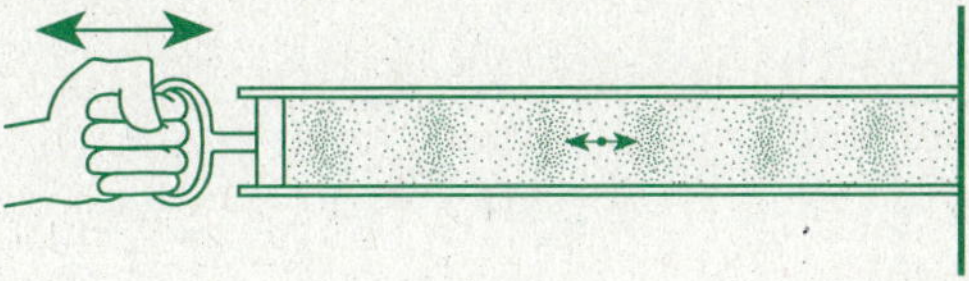

**Le onde acustiche sono onde meccaniche: non si propagano nel vuoto.**

Perché un'onda acustica sia *udibile* bisogna che la sua frequenza $\nu$ soddisfi la condizione 16 Hz < $\nu$ < 20.000 Hz. Se $\nu$ < 16 Hz si parla di *infrasuoni*; se $\nu$ > 20.000 Hz si parla di *ultrasuoni.*

Quando un suono viene prodotto, le molecole di materia vicine alla sorgente cominciano a vibrare; la vibrazione viene trasmessa alle molecole vicine, poi alle successive e così via.

La velocità con cui questa vibrazione si propaga è diversa a seconda del mezzo: nell'aria secca vale 331,4 m/s; nell'aria in condizioni ambientali ordinarie vale 340 m/s; nei liquidi è maggiore (1450 m/s nell'acqua); nei solidi è ancora più alta (5130 m/s nel ferro).

Nella tabella seguente vengono riportate le velocità del suono in alcuni materiali.

| Materiale | Velocità | Materiale | Velocità |
|---|---|---|---|
| Ossigeno | 317,2 m/s | Argento | 2710 m/s |
| Aria secca | 331,4 m/s | Acciaio | 5000 m/s |
| Aria umida | 340 m/s | Alluminio | 5100 m/s |
| Piombo | 1230 m/s | Ferro | 5130 m/s |
| Acqua | 1450 m/s | Granito | 6000 m/s |

### 3.4.1 Caratteri distintivi del suono

- **Altezza:** un suono si dice alto (*acuto*) o basso (*grave*) a seconda che la sua frequenza sia elevata o bassa. Il suono più grave percepibile dall'orecchio umano ha una frequenza di 16 Hz.
- **Intensità:** è l'energia trasportata dall'onda nell'unità di tempo, per unità di superficie e dipende dal quadrato della frequenza e dell'ampiezza. Poiché l'intensità di un'onda sferica è inversamente proporzionale al quadrato della distanza (§ 3.2.1), un suono è sempre più debole man mano che ci si allontana dalla sorgente. Per ridurre tale effetto si può concentrare il suono in una porzione dello spazio, per esempio tramite un megafono.

  L'*intensità del suono* si misura in watt/m$^2$. L'*intensità di sensazione sonora* si misura in bel: due suoni differiscono di un bel quando l'uno è dieci volte più intenso dell'altro. Di solito si preferisce usare un sottomultiplo del bel pari a 1/10 bel = decibel (dB).

  - Soglia dell'udibile: minima intensità sonora percepibile dall'uomo = 0 dB.
  - Soglia del dolore: massima intensità sonora tollerata dall'uomo ≈ 120 dB.

- **Timbro:** è legato alla forma dell'onda. Il suono emesso da una sorgente è formato da vibrazioni più intense (*armoniche fondamentali*), e altre di intensità inferiore (*armoniche secondarie*) aventi una frequenza sottomultipla di quella delle fondamentali.

  Due strumenti differenti possono eseguire la medesima nota con la stessa intensità; ciò che rende i due suoni diversi è il loro timbro.

  Nella figura a lato, due suoni hanno stessa altezza (uguale frequenza), stessa intensità (uguale ampiezza), ma timbro diverso (differenti armoniche).

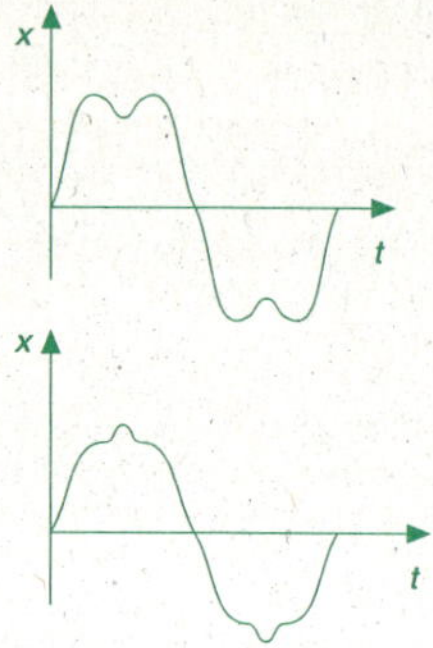


- **Suono e rumore:** mentre i suoni sono onde acustiche *periodiche*, **i rumori mancano di periodicità.** Se la risultante di più suoni non ha un carattere periodico, si ha solo rumore.

## 3.4.2 Fenomeni caratteristici delle onde sonore

### Eco

Quando un'onda sonora urta contro una parete viene riflessa e torna verso la sorgente. Può accadere che un ascoltatore posto in prossimità della sorgente senta l'onda sonora come se provenisse dal punto dove si è avuta la riflessione. Questo effetto è detto *eco*.

**L'eco è un fenomeno legato alla riflessione delle onde.**

Affinché si abbia eco, il suono originale e il suono riflesso devono pervenire all'ascoltatore con un intervallo di almeno un decimo di secondo. È inoltre necessario che l'intensità dell'onda sonora rimanga inalterata durante il tragitto di andata e ritorno, il che si realizza quando l'assorbimento a cui va incontro è minimo. Per questo il fenomeno dell'eco è particolarmente evidente in luoghi spaziosi e vuoti, o all'aperto in montagna, dove i pendii fungono da superfici riflettenti.

**Si calcoli la distanza minima dalla parete riflettente a cui è necessario porsi per udire il fenomeno dell'eco.**

Indicando con $d$ la distanza tra la sorgente del suono e la parete riflettente, per tornare alla sorgente l'onda copre una distanza pari a $2d$. Sapendo che nell'aria il suono viaggia a una velocità di circa 340 m/s, il tempo impiegato per percorrere l'intero tragitto è pari a:

$$t = \frac{2d}{v}$$

Uguagliando tale tempo al tempo minimo per distinguere i due suoni, che è pari a 0,1 s, si ricava la distanza $d$ minima perché si abbia eco:

$$2d = v \cdot t \quad \rightarrow \quad d = \frac{v \cdot t}{2} = \frac{340\ \text{m/s} \cdot 0{,}1\ \text{s}}{2} = 17\ \text{m}$$

### Rimbombo

Se il suono emesso dalla sorgente subisce più riflessioni che colpiscono l'ascoltatore dopo intervalli di tempo inferiori a 0,1 s, i vari suoni non vengono distinti e l'effetto è analogo a un prolungamento del suono stesso. È quanto accade ad esempio durante un temporale, dove il rumore dei tuoni dura sempre qualche secondo.

## Battimenti

Quando un ascoltatore è investito da due onde sonore, il suono percepito è dato dalla somma delle due onde e quindi dal risultato della loro interferenza. Se le due onde hanno ampiezza simile e frequenza leggermente diversa, la loro somma dà luogo a interferenze costruttive e distruttive regolarmente distribuite nel tempo. Dette $\nu_1$ e $\nu_2$ le frequenze delle due onde, si può dimostrare che l'onda risultante ha una frequenza pari a:

$$\nu = \frac{\nu_1 + \nu_2}{2}$$

Come si può vedere dalla figura sottostante, l'inviluppo dell'onda risultante è a sua volta un'onda con una propria frequenza e una propria ampiezza.

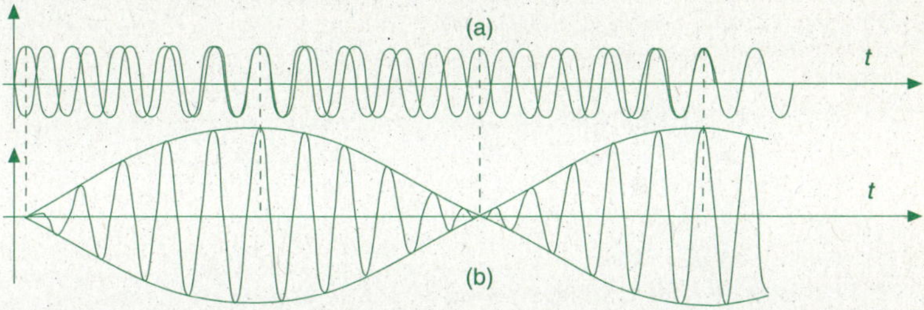


Si può dimostrare che l'ampiezza dell'inviluppo è pari alla somma delle due ampiezze, mentre la sua frequenza è data da: $\nu = |\nu_1 - \nu_2|$

Il suono risultante percepito dall'ascoltatore è dunque caratterizzato da un'altezza costante (frequenza costante pari a $((\nu_1 + \nu_2)/2)$ e da un'intensità che varia periodicamente con periodo $1/|\nu_1 - \nu_2|$. L'inviluppo prende il nome di *battimento*; la sua frequenza indica quante volte in un secondo l'effetto si ripete.

## Risonanza

Il diapason è uno strumento costituito da una barretta d'acciaio piegata a U, sostenuta da un manico. La sua particolarità è la capacità di emettere un'onda sonora avente un'unica frequenza. Si prendano ora due diapason uguali e si faccia vibrare uno solo dei due. Dopo pochi secondi, anche l'altro comincerà a vibrare emettendo lo stesso suono. Questo fenomeno prende il nome di *risonanza* ed è proprio non solo delle onde acustiche, ma di qualunque tipo di onda.

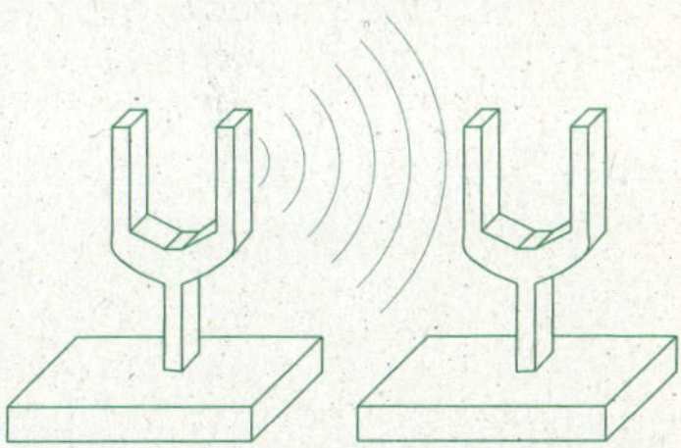

**Un corpo in grado di emettere un'onda di una certa frequenza, cioè dotato di una propria frequenza di oscillazione, si mette a vibrare quando è colpito da un'onda avente proprio quella frequenza.**

Per questo motivo, alle truppe militari si comanda di rompere il passo della marcia quando passano sopra un ponte. Potrebbe infatti accadere che la frequenza propria di oscillazione del ponte sia uguale a quella del passo di marcia: in questo caso si assisterebbe a un'amplificazione dell'oscillazione del ponte e, nel caso peggiore, alla sua rottura.

### Effetto Doppler

Si consideri una sorgente sonora fissa che genera un'onda di frequenza $\nu$ e un ascoltatore posto a una certa distanza. Se la sorgente si muove rispetto all'ascoltatore, la frequenza dell'onda percepita dall'ascoltatore non è uguale a $\nu$, ma cambia a seconda della velocità della sorgente rispetto all'ascoltatore. Si possono distinguere i quattro casi seguenti:

1. Ascoltatore fermo, sorgente in avvicinamento: $\nu_1 = \nu \cdot \dfrac{v}{v - v_1}$

2. Ascoltatore fermo, sorgente in allontanamento: $\nu_1 = \nu \cdot \dfrac{v}{v + v_1}$

3. Sorgente fissa, ascoltatore in avvicinamento: $\nu_1 = \nu \cdot \left(1 + \dfrac{v_1}{v}\right)$

4. Sorgente fissa, ascoltatore in allontanamento: $\nu_1 = \nu \cdot \left(1 - \dfrac{v_1}{v}\right)$

dove
- $\nu$ = frequenza sorgente
- $\nu_1$ = frequenza ascoltatore
- $v$ = velocità dell'onda
- $v_1$ = velocità sorgente-ascoltatore

Il suono della sirena di un'ambulanza è più acuto, e quindi più fastidioso, quando l'ambulanza si avvicina all'ascoltatore rispetto a quando si allontana.

## 3.5 Onde luminose: la luce

Le onde elettromagnetiche sono onde trasversali formate da un campo elettrico e un campo magnetico che si propagano vibrando perpendicolarmente tra loro e perpendicolarmente alla direzione di propagazione dell'onda (si veda, nella stessa collana, *Fisica* 3).

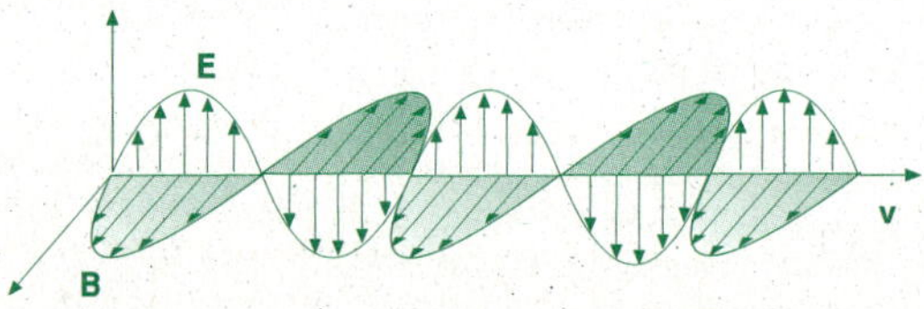


Le onde elettromagnetiche sono onde trasversali che si propagano anche nel vuoto. La loro velocità nel vuoto è pari a $3 \cdot 10^8$ m/s .

Lo schema seguente riporta una classificazione delle onde elettromagnetiche al variare della loro frequenza e quindi della loro lunghezza d'onda. Si nota che le onde radio, l'ultravioletto, la luce visibile e i raggi X sono tutte onde elettromagnetiche che differiscono per frequenza e lunghezza d'onda. Per comprendere a fondo la natura delle onde elettromagnetiche è necessario avere chiari alcuni concetti di elettricità e magnetismo. Per questo si rimanda a *Fisica* 3. Per il momento è sufficiente notare che la luce è un'onda elettromagnetica avente frequenze comprese tra $3{,}75 \cdot 10^{14}$ Hz e $7{,}5 \cdot 10^{14}$ Hz .

## Spettro delle onde elettromagnetiche (1 nm = 10 Å)

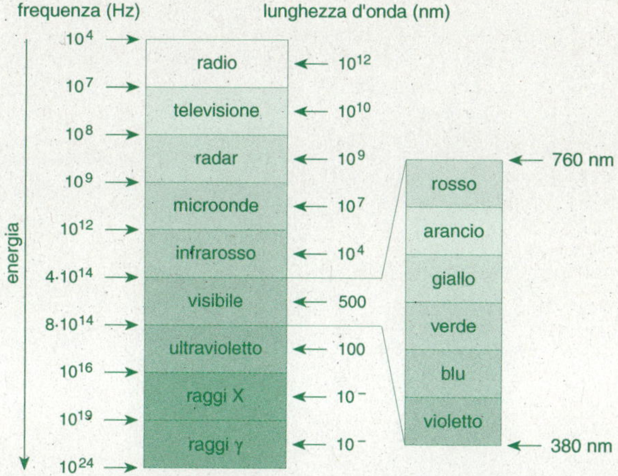


### 3.5.1 Velocità della luce

La luce, come tutte le onde elettromagnetiche, viaggia nel vuoto a una velocità pari a 300.000 km/s. Tale valore viene indicato con la lettera *c*.

$c$ = 300.000 km/s = $10^8$ m/s

Numerosi esperimenti e soprattutto i risultati ottenuti da Albert Einstein con la teoria della relatività hanno dimostrato che tale valore rappresenta un limite invalicabile.

**Non è possibile superare la velocità della luce nel vuoto.**

I primi esperimenti per calcolare la velocità della luce risalgono a **Galileo Galilei**: egli intuì che la trasmissione della luce non fosse istantanea. Per verificarlo e per misurare la velocità di propagazione, chiese a due amici di prendere due lanterne accese, coprirle con un panno e porsi a due chilometri di distanza l'uno dall'altro in punti sopraelevati, in modo da potersi vedere a vicenda.

L'idea era quella di misurare il tempo che la luce impiegava per andare dal primo osservatore al secondo e per tornare nuovamente al primo, cioè il tempo impiegato per percorrere 4 km. Il primo osservatore, prendendo la misura del tempo, scoprì la lanterna e, quando la luce raggiunse il secondo osservatore, egli, a sua volta, scoprì la sua. Il primo osservatore fermò il tempo quando vide la luce dell'altra lanterna.

Galileo non immaginava però che la velocità della luce fosse così elevata: i tempi di reazione dei due osservatori erano di gran lunga superiori al tempo impiegato dalla luce per compiere il tragitto e ciò rese l'operazione di misura priva di significato.

Rimane comunque di rilievo l'intuizione di Galileo che la luce avesse una velocità finita.

Un primo passo avanti fu realizzato alla fine del '600 da **Olaus Roemer**, il quale fece un esperimento basandosi su dati astronomici.

Egli notò che le eclissi dei satelliti di Giove sono periodiche, ma presentano dei ritardi o degli anticipi a seconda che la Terra si trovi dalla parte opposta o dalla stessa parte di Giove rispetto al Sole, come sotto raffigurato. Per Roemer tale ritardo doveva essere dovuto al tempo impiegato dalla luce riflessa da Giove per attraversare il diametro dell'eclittica.

In quei tempi, si riteneva che il diametro dell'eclittica valesse $2{,}8 \cdot 10^8$ km ; misurando i tempi dei ritardi delle eclissi, Roemer arrivò a calcolare come valore della velocità della luce:

$$c = 212.212 \text{ km/s}$$

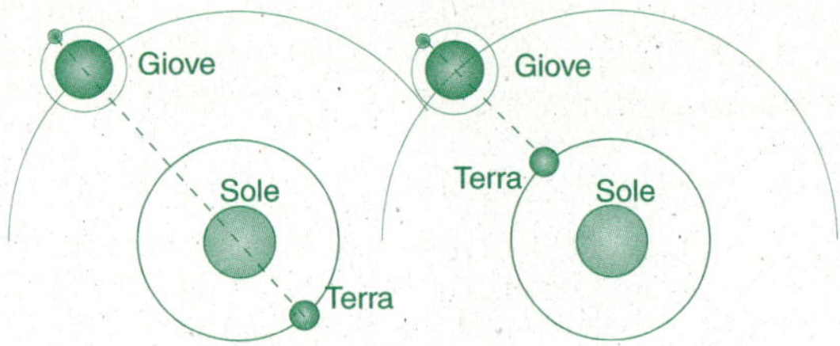


Per avere i primi dati accettabili bisogna aspettare la seconda metà dell'800 grazie ai lavori di **Armand Fizeau** e **Bernard Foucault.**

Una sorgente *S* invia un raggio luminoso su uno specchio semiriflettente *R*. Il fascio riflesso colpisce un secondo specchio *P* in un punto O e viene riflesso verso un terzo specchio *Q*. *Q* è uno specchio sferico il cui centro si trova nel punto O. Il raggio proveniente da *P* colpisce di conseguenza *Q* ortogonalmente e viene riflesso esattamente nel punto O. Arrivato in O, il raggio torna verso il primo specchio *R*, in parte lo attraversa e arriva a colpire la parete *M* nel punto A.

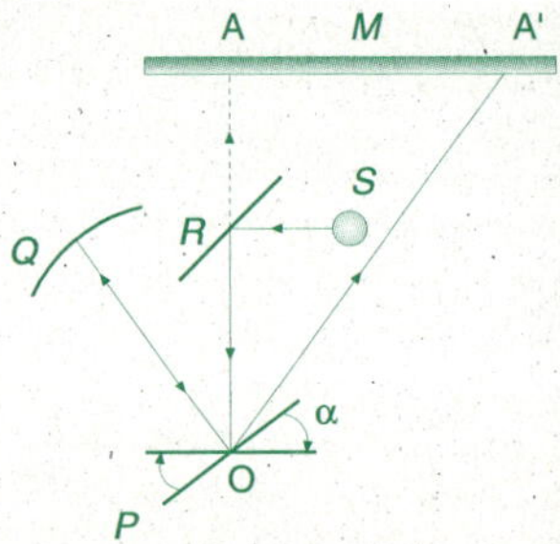


Se lo specchio *P* viene fatto ruotare di un angolo α dopo che il raggio luminoso lo ha colpito, quando la luce torna nel punto O, verrà deviata verso il punto A'. Ciò è realizzabile se *P* è in rotazione con velocità angolare ω.

Dalla misura di AA' è possibile risalire al valore dell'angolo α e conoscendo la velocità angolare ω di rotazione dello specchio *P* si può ricavare il tempo impiegato a descrivere l'angolo α:

$$t = \frac{\alpha}{\omega}$$

Questo è anche il tempo impiegato dalla luce per compiere il tragitto *P-Q-P*. Misurando tale distanza si può calcolare la velocità della luce. Fizeau trovò il valore:

$$c = 298.000 \text{ km/s}$$

## 3.5.2 Doppia natura della luce

**Newton** fu uno dei primi fisici a interessarsi alla natura della luce. Dopo esperimenti e osservazioni, affermò che la luce è formata da corpuscoli emessi dalle sorgenti luminose. In questo modo, egli spiegò il fenomeno della riflessione: i corpuscoli luminosi, quando colpiscono una superficie, rimbalzano come una pallina di gomma sul pavimento.

Per spiegare la rifrazione della luce, Newton affermò che nel passaggio da un mezzo meno denso a uno più denso, le particelle di luce vengono accelerate dalle molecole della sostanza più densa, avvicinandosi alla normale alla superficie. Questa interpretazione spiegava la rifrazione, ma si basava sull'ipotesi sbagliata che la luce si muova più velocemente nei mezzi più densi. In quei tempi, però, non si era ancora riusciti a misurare la velocità della luce.

In generale, una delle motivazioni più importanti che portarono a pensare alla luce come un fascio di corpuscoli fu la modalità di propagazione.

**La luce si propaga in linea retta.**

Neanche gli esperimenti di **Christian Huygens** che, notando un rallentamento della luce nel passaggio aria-acqua, suppose per primo una natura ondulatoria della luce, riuscirono a cambiare le convinzioni sulla natura corpuscolare.

Si dovette aspettare fino alla prima metà dell'800 perché i lavori di **Thomas Young** e **Augustin Fresnel** sui fenomeni di interferenza e diffrazione potessero convincere la comunità scientifica sulla correttezza della teoria ondulatoria della luce.

**Maxwell** alla fine dell'ottocento definì una teoria completa sulle onde elettromagnetiche e in particolare sulla luce (si veda *Fisica* 3).

Nel primo '900, però, gli studi di **Albert Einstein** sull'effetto fotoelettrico mostrarono la necessità di pensare alla luce anche come fenomeno corpuscolare.

Oggi la fisica moderna[1] considera la luce (e con essa tutte le onde elettromagnetiche) dotata di una *doppia natura: ondulatoria e corpuscolare*.

I corpuscoli costituenti la luce si chiamano *quanti di luce* o *fotoni*: si muovono alla velocità della luce *c* e **la loro energia è direttamente proporzionale alla frequenza** secondo la relazione seguente.

$$E = h \cdot \nu$$

dove h è la costante di Planck e assume il valore $h = 6{,}63 \cdot 10^{-34}$ J · s

Ogni onda luminosa è quindi formata da fotoni e trasporta con sé energia. Un'onda elettromagnetica è tanto più energetica quanto maggiore è la sua frequenza.

**Con la luce si propaga energia.**

I raggi infrarossi sono meno energetici della luce visibile, che a sua volta è meno energetica degli ultravioletti. Con l'aumentare dell'energia di un'onda, aumenta anche la probabilità di subire dei danni da esposizione alla radiazione stessa.

1 Per fisica moderna si intende la fisica sviluppata a partire dall'inizio del nostro secolo. Le due rivoluzioni principali del pensiero scientifico che hanno caratterizzato i primi trent'anni del novecento sono state la fisica quantistica e la fisica relativistica.

## 3.6 Fenomeni caratteristici della luce

Oltre ai fenomeni della riflessione, rifrazione, interferenza e diffrazione (§ 3.3.1), le onde luminose sono interessate da altri due fenomeni rilevanti: la riflessione totale e la dispersione.

### Riflessione totale

Quando un raggio luminoso passa da un mezzo più denso a uno meno denso, la velocità aumenta e il raggio si allontana dalla normale alla superficie di separazione dei due mezzi. Se l'angolo di incidenza aumenta, aumenta anche l'angolo di rifrazione, come evidenziato nell'esercizio seguente.

Un raggio luminoso passa dall'acqua al vuoto. Calcolare l'angolo di uscita della luce per angoli di incidenza di 20°, 30° e 45°, sapendo che l'indice di rifrazione assoluto dell'acqua è 1,5.

$$\frac{\operatorname{sen} i}{\operatorname{sen} r} = n_{1,2} = \frac{n_2}{n_1} \quad \rightarrow \quad \operatorname{sen} r = \frac{n_1}{n_2} \cdot \operatorname{sen} i = \frac{1{,}5}{1} \cdot \operatorname{sen} i$$

Si hanno quindi i tre casi:

$$i = 20° \quad \rightarrow \quad \operatorname{sen} r = 1{,}5 \cdot 0{,}342 = 0{,}513 \quad \rightarrow \quad r \approx 31°$$

$$i = 30° \quad \rightarrow \quad \operatorname{sen} r = 1{,}5 \cdot \frac{1}{2} = 0{,}75 \quad \rightarrow \quad r \approx 49°$$

$$i = 45° \quad \rightarrow \quad \operatorname{sen} r = 1{,}5 \cdot \frac{1}{\sqrt{2}} = 1{,}06 \quad \rightarrow \quad \text{impossibile}$$

Come si può vedere nell'esempio riportato, nel passaggio acqua-vuoto già per un angolo di incidenza pari a 45°, l'equazione che calcola l'angolo di rifrazione non ha soluzione.

Esiste un angolo $\vartheta_{rt}$ chiamato *angolo di riflessione totale*, oltre al quale il raggio viene totalmente riflesso, come mostrato in figura per il passaggio vetro-aria di un raggio di luce.

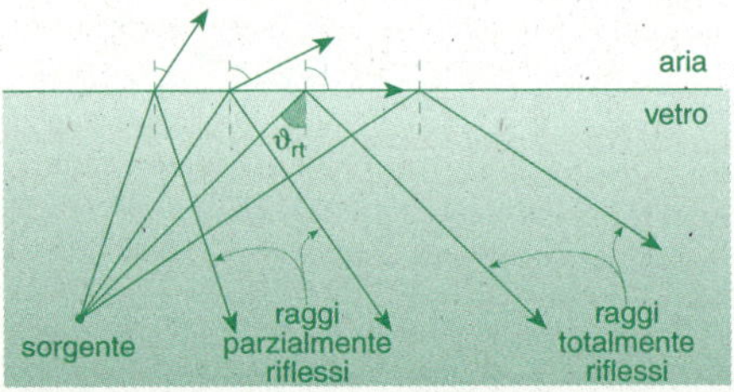


Tale angolo è ricavabile dall'espressione $\operatorname{sen}\vartheta_{rt} = n_2/n_1$, dove $n_1$ e $n_2$ sono rispettivamente l'indice di rifrazione del primo e del secondo mezzo.

Si calcoli l'angolo di riflessione totale nel passaggio vetro - aria, sapendo che l'indice di rifrazione del vetro è pari a 1,33.

$$\operatorname{sen}\vartheta_{rt} = \frac{n_2}{n_1} = \frac{1}{1{,}33} \quad \rightarrow \quad \vartheta_{rt} = 48{,}75°$$

## Dispersione

Le luce bianca del Sole è un insieme di onde elettromagnetiche aventi frequenze comprese tra $3{,}75 \cdot 10^{14}$ Hz e $7{,}5 \cdot 10^{14}$ Hz. A tale spettro di frequenze corrisponde uno spettro di colori che vanno dal rosso al violetto. Il rosso ha frequenza minore, e quindi lunghezza d'onda maggiore, del violetto. Prima del rosso, non visibile dall'occhio umano, si ha l'infrarosso; dopo il violetto si ha l'ultravioletto.

Nel parlato comune si fa riferimento ai *sette* colori dell'iride, intendendo l'intero spettro di colori. Questa divisione è comunque arbitraria: il cambiamento dei colori avviene con continuità passando da una frequenza all'altra.

**Ogni colore ha una propria frequenza e una propria lunghezza d'onda.**

Il colore di un corpo dipende dalle frequenze delle onde assorbite e riflesse dal corpo stesso: quando la luce bianca lo colpisce, alcune frequenze vengono assorbite dal corpo, e altre vengono riflesse. Queste ultime arrivano fino a un osservatore, che vede il corpo colorato secondo quelle frequenze.

**Un corpo appare bianco quando tutte le frequenze visibili che lo colpiscono vengono riflesse; appare nero quando tutte le frequenze sono assorbite.**

Quando un'onda luminosa colpisce un corpo trasparente, subisce il fenomeno della rifrazione. L'indice di rifrazione varia però a seconda della frequenza dell'onda e quindi ogni colore subisce una diversa rifrazione.

**Un fascio di luce bianca, quando subisce il fenomeno della rifrazione, si scompone nelle sue componenti monocromatiche. Il fenomeno descritto prende il nome di *dispersione* della luce.**

| COLORE | LUNGHEZZA D'ONDA (Å) |
|---|---|
| violetto | 3800-4200 |
| indaco | 4200-4500 |
| blu | 4500-5000 |
| verde | 5000-5700 |
| giallo | 5700-5900 |
| arancione | 5900-6100 |
| rosso | 6100-7600 |

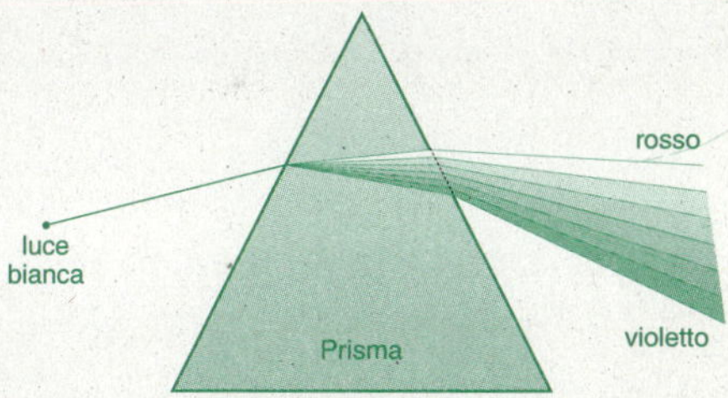


Nella figura è rappresentato il fenomeno della dispersione di un fascio di luce bianca che attraversa un prisma di vetro: la luce rossa è la meno deviata; la luce violetta è quella che subisce la maggior deviazione.

Il fenomeno della dispersione è particolarmente evidente nel caso dell'arcobaleno, dove la luce bianca del Sole subisce la dispersione passando attraverso le goccioline d'acqua sospese nell'atmosfera.

Una particolarità dell'arcobaleno è che quando se ne forma uno, si forma sempre un arcobaleno gemello parallelo, con i colori invertiti rispetto al primo. Purtroppo quest'ultimo è di solito poco visibile, ma se si ha un buon campo visivo, si riesce spesso a intravederne almeno l'inizio o la fine.

## 3.7 Fotometria

La fotometria è una parte della fisica che si occupa della misurazione della luce. Di seguito vengono elencate le grandezze e le unità di misura più utilizzate in fotometria, a iniziare dall'intensità luminosa, grandezza fondamentale del Sistema Internazionale.

### Intensità luminosa

Si definisce *intensità luminosa* $I$ di una sorgente l'energia che questa emette in un secondo. Si misura in watt o anche in candele (cd), dove una candela è $1/60$ della radiazione emessa da 1 cm$^2$ di superficie totalmente assorbente (corpo nero) portato alla temperatura di fusione del platino (1769 °C) che si trova alla pressione di 1 Pa.

### Quantità di luce e flusso luminoso

Una sorgente luminosa di intensità $I$ emette una radiazione nello spazio circostante.

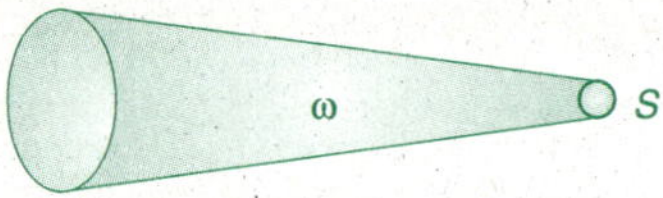


Se si considera una regione conica centrata sulla sorgente, in un tempo $t$ essa è attraversata da una *quantità di luce* $Q$ pari a:

$$Q = I \cdot \omega \cdot t$$

dove $\omega$ è l'angolo solido in cui è compresa la regione conica.

La quantità di luce emessa nello stesso angolo nell'unità di tempo prende il nome di *flusso luminoso* $\Phi$, dato da:

$$\Phi = \frac{Q}{t} = I \cdot \omega$$

La sua unità di misura è il lumen (lm).

### Luminanza

Si consideri una sorgente luminosa estesa. L'esperienza dimostra che l'intensità luminosa della sorgente è direttamente proporzionale alla sua superficie.

Può quindi essere utile riferire l'intensità luminosa di una sorgente all'unità di superficie. Questa grandezza si chiama *luminanza*:

$$L = I/A$$

dove $I$ è l'intensità luminosa emessa dalla superficie $A$.

L'unità di misura è il nit (nt), anche se si è soliti usare lo stilb (sb), dove 1 sb = 10.000 nt.

### Intensità di illuminazione

L'*intensità di illuminazione* $E$ di una sorgente è l'energia che arriva in un secondo su un metro quadrato di superficie:

$$E = \Phi/A$$

L'unità di misura dell'intensità di illuminazione è il lux (lx).

### Legge dei quadrati delle distanze

Si può dimostrare che l'intensità di illuminazione è direttamente proporzionale all'intensità della sorgente luminosa e inversamente proporzionale al quadrato della distanza tra schermo e sorgente (legge di Lambert):

$$E = \frac{I}{d^2}$$

Da questa legge, si ricava facilmente la *legge dei quadrati delle distanze*.

**Se due sorgenti illuminano ugualmente una superficie, le intensità delle due radiazioni sono direttamente proporzionali ai quadrati delle rispettive distanze dalla superficie.**

$$I_1/I_2 = d_1^2/d_2^2$$

---

Se due sorgenti illuminano ugualmente una superficie, le intensità delle due radiazioni sono direttamente proporzionali ai quadrati delle rispettive distanze dalla superficie.

$$I_1/I_2 = d_1^2/d_2^2$$

# TEST DI VERIFICA

**1 In quale dei seguenti mezzi il suono si propaga più velocemente?**

A Ferro
B Acqua
C Aria
D Vuoto

**2 Qual è la differenza tra le onde utilizzate nelle trasmissioni radiofoniche e televisive?**

A Nelle trasmissioni radiofoniche si utilizzano onde sonore (o elastiche); nelle trasmissioni televisive si utilizzano onde luminose
B In entrambe le trasmissioni si utilizzano onde elettromagnetiche ma con lunghezze d'onda diverse
C In entrambe le trasmissioni si utilizzano onde sonore (o elastiche) ma con lunghezze d'onda diverse
D Nelle trasmissioni radiofoniche si utilizzano onde elettromagnetiche; nelle trasmissioni televisive si trasmettono fasci di elettroni

**3 La stella V irraggia con una potenza quattro volte superiore a quella della stella Z e con il medesimo spettro luminoso. Perché le due stelle abbiano la stessa intensità luminosa, la distanza dell'osservatore dalla stella V deve essere:**

A doppia di quella da Z
B quadrupla della stella Z
C otto volte quella di Z
D sedici volte quella di Z

**4 Il colore di una radiazione monocromatica dipende:**

A dalla sua intensità
B dalla sua velocità nel vuoto
C dal numero degli atomi che si diseccitano per unità di tempo
D dalla sua frequenza

**5 Aumentando la frequenza, l'energia di un fotone:**

A aumenta
B diminuisce
C l'energia non dipende dalla frequenza
D può aumentare o diminuire a seconda del mezzo in cui si propaga

**6 Nel fenomeno della rifrazione della luce, indicando con *i* l'angolo di incidenza, con *r* l'angolo di rifrazione e con *n* l'indice di rifrazione relativo, vale la relazione:**

A $n = \text{sen } i / \text{sen } r$
B $n \text{ sen } i + \text{sen } r = 1$
C $n = \text{sen } i - \text{sen } r$
D $n + \text{sen } i + \text{sen } r = 0$

**7 Se un suono si propaga in un certo mezzo con una velocità di 500 m/s e ha una frequenza di 100 Hz, la sua lunghezza d'onda vale:**

A 500/100 = 5 metri
B 500 · 100 = 50.000 metri
C 100/500 = 0,2 metri
D 500 = 100 = 400 metri

**8 Indicare come cambiano la velocità *v* e la lunghezza d'onda λ della luce quando questa passa dall'aria al vetro.**

A *v* aumenta e λ diminuisce
B *v* aumenta e λ aumenta
C *v* diminuisce e λ aumenta
D *v* diminuisce e λ diminuisce
E *v* aumenta e λ non cambia

**9 Il fenomeno della riflessione totale della luce si verifica quando un raggio luminoso:**

A passa dall'aria al vetro con un angolo di incidenza superiore a un angolo critico
B passa dal vetro all'aria con un angolo di incidenza superiore a un angolo critico
C incide su una superficie metallica
D incide sulla superficie di un mezzo trasparente con un angolo di incidenza di 45°
E passa da un vetro ad un altro in condizioni di incidenza normale

**10 Due suoni hanno diversa intensità e pertanto:**

A diverso timbro
B uno è più acuto e l'altro è più grave
C hanno diversa altezza
D trasportano diversa energia meccanica di oscillazione

**11 Considerando una radiazione infrarossa e una ultravioletta, la prima rispetto alla seconda possiede:**

A lunghezza d'onda maggiore; frequenza maggiore
B lunghezza d'onda minore; frequenza minore
C lunghezza d'onda minore; frequenza maggiore
D lunghezza d'onda maggiore; frequenza minore
E lunghezza d'onda maggiore; frequenza uguale

**12 In un mezzo di indice di rifrazione n = 1,5, la velocità della luce:**

A è uguale alla velocità della luce nel vuoto (circa $3 \cdot 10^8$ m/s)
B è all'incirca uguale a $2 \cdot 10^8$ m/s
C è all'incirca uguale a $4{,}5 \cdot 10^8$ m/s
D è all'incirca uguale a $1{,}5 \cdot 10^8$ m/s
E è nulla

**13** **Nell'aria il rapporto tra la velocità del suono e quella della luce è approssimativamente:**

A $3 \cdot 10^{-7}$
B $1 \cdot 10^{-6}$
C $3 \cdot 10^{-5}$
D $1 \cdot 10^{-4}$
E $3 \cdot 10^{-3}$

**14** **Il colore di un corpo colpito da luce bianca ha qualche nesso con le radiazioni riflesse o assorbite dal corpo?**

A Dipende dalle condizioni atmosferiche
B Dipende dalle radiazioni riflesse e assorbite
C È indipendente dalle radiazioni riflesse e assorbite
D Non dipende dalle modalità di illuminazione

**15** **L'intensità di illuminazione di una lampada, raddoppiando la distanza:**

A si riduce di quattro volte
B dimezza
C si riduce di otto volte
D raddoppia
E triplica

**16** **Si riceve un segnale acustico con un ritardo di 50 periodi rispetto alla sorgente. Sapendo che la frequenza del suono è di 500 Hz e la velocità di propagazione è di 300 m/s, qual è la distanza tra il ricevitore e la sorgente?**

A 1 m
B 5 m
C 10 m
D 30 m

# SOLUZIONI E COMMENTI

1 Più è denso il mezzo nel quale il suono si propaga maggiore è la velocità di propagazione. Disponendo i materiali indicati in ordine crescente di densità si ottiene:

$$\text{vuoto} < \text{aria} < \text{acqua} < \text{ferro}$$

La risposta esatta è dunque la **A**.

2 Le onde radio e quelle televisive sono onde elettromagnetiche che differiscono tra loro per frequenza e quindi per lunghezza d'onda. In particolare le onde radio hanno frequenza compresa tra $10^4$ e $10^7$ Hz, mentre quelle televisive hanno frequenze tra $10^7$ e $10^8$ Hz. Le lunghezze d'onda sono intorno ai $10^{12}$ nm per le onde radio e $10^{10}$ nm per le onde televisive.

La risposta esatta è la **B**.

3 L'intensità luminosa di una stella è inversamente proporzionale al quadrato della distanza dalla Terra, in accordo con quanto affermato dalla legge dei quadrati delle distanze.

Se le stelle V e Z si trovassero alla stessa distanza dalla Terra la luminosità apparente di V sarebbe quattro volte quella di Z. Affinché le due luminosità apparenti siano uguali è necessario che la stella V si trovi a una distanza doppia di quella della stella Z. La risposta esatta è quindi la **A**.

4 Una radiazione è *monocromatica* quando è costituita da onde di pari frequenza. La luce solare è una radiazione policromatica, composta da uno *spettro* di più frequenze. Il colore di una radiazione monocromatica è determinato proprio dalla frequenza delle onde in essa contenute (risposta **D**).

5 I fotoni sono dei pacchetti di onde elettromagnetiche che trasportano energia. L'energia di un fotone è direttamente proporzionale alla frequenza dell'onda elettromagnetica secondo la relazione: $E = h \cdot \nu$ . La risposta esatta è quindi la **A**.

6 Secondo le leggi della rifrazione, chiamando con $n_{1,2}$, $n_1$, $n_2$ rispettivamente l'indice di rifrazione relativo del mezzo 1 rispetto al mezzo 2, l'indice di rifrazione assoluto del mezzo 1 e quello del mezzo 2, si ha:

$$\frac{\operatorname{sen} i}{\operatorname{sen} r} = n_{1,2} = \frac{n_2}{n_1}$$

La risposta corretta è dunque la **A**.

7 La relazione che esprime la lunghezza d'onda $\lambda$ in funzione della velocità $v$ e della frequenza $\nu$ è la seguente:

$$\lambda = \frac{v}{\nu}$$

per cui, utilizzando i dati forniti, si ricava:

$$\lambda = \frac{500}{100}\ \text{m} = 5\ \text{m}$$

La risposta corretta è dunque la **A**.

8 Dal momento che l'indice di rifrazione relativo aria - vetro è pari a 1,33, la velocità $v$ diminuisce nel passaggio. Rimanendo inalterata la frequenza $\nu$ dell'onda luminosa, anche la lunghezza d'onda $\lambda$ deve diminuire (si rammenta che $v$, $\nu$ e $\lambda$ sono legati dalla relazione $v = \nu \cdot \lambda$ ). La risposta corretta è dunque la **D**.

9 Quando un raggio luminoso passa da un mezzo più denso a uno meno denso, il raggio rifratto si allontana dalla normale alla superficie: l'angolo di rifrazione è maggiore dell'angolo di incidenza. Esiste un valore $\alpha$ dell'angolo di incidenza per il quale l'angolo di rifrazione è pari a 90°; $\alpha$ prende il nome di angolo critico. Se l'angolo di incidenza supera il valore $\alpha$, il raggio rifratto non si propaga più nel secondo mezzo ma rimane nel primo, come se fosse stato riflesso dalla superficie e non rifratto. Si parla in questo caso di riflessione totale. Tra quelle indicate, l'unica risposta esatta è la **B**.

10 L'intensità di un'onda è connessa all'energia trasportata. In particolare, la sua intensità è legata al quadrato della frequenza e al quadrato dell'ampiezza dalla relazione:

$$I = k \cdot \nu^2 \cdot A^2$$

Quindi, due onde aventi intensità diverse hanno diversa o la frequenza o l'ampiezza o entrambe. Dal testo del quesito non si è in grado di stabilire se la differenza tra le due intensità sia esclusivamente dovuta a una differenza nella loro frequenza (risposte **B** e **C**). Ricordando che l'intensità di un'onda indica l'energia trasportata dall'onda, la risposta esatta è la **D**. Si ricordi infine che il timbro è legato alla "forma" dell'onda e alla presenza di armoniche.

11 La risposta corretta è la **D**: una radiazione infrarossa ha lunghezza d'onda pari a circa $10^4$ nm e frequenza compresa fra $10^{12}$ e $10^{14}$ Hz, mentre una radiazione ultravioletta ha lunghezza d'onda pari a circa 100 nm e frequenza compresa fra $10^{14}$ e $10^{16}$ Hz.

12 Dati due mezzi 1 e 2 aventi indici di rifrazione assoluti $n_1$ e $n_2$, detta $v_1$ la velocità della luce nel mezzo 1 e $v_2$ la velocità della luce nel mezzo 2, secondo le leggi della rifrazione si ha:

$$\frac{v_1}{v_2} = \frac{n_2}{n_1}$$

Prendendo come mezzo 1 il vuoto e come mezzo 2 il mezzo di indice di rifrazione 1,5, è possibile calcolare $v_2$:

$$\frac{c}{v_2} = \frac{n_2}{1} \quad \rightarrow \quad v_2 = \frac{c}{n_2} = \frac{3 \cdot 10^8 \text{ m/s}}{1{,}5} = 2 \cdot 10^8 \text{ m/s}$$ (risposta **B**).

13 Il suono nell'aria si muove a una velocità di circa 330 m/s, mentre la luce ha una velocità nell'aria pari a circa 300.000 km/s, ossia $3 \cdot 10^8$ m/s. Il loro rapporto è uguale a:

$$\frac{330 \ \frac{\text{m}}{\text{s}}}{3 \cdot 10^8 \ \frac{\text{m}}{\text{s}}} \approx \frac{3 \cdot 10^2}{3 \cdot 10^8} = 10^{-6}$$ (risposta **B**).

Nell'aria la luce è dunque circa un milione di volte più veloce del suono.

**14** La luce bianca è formata da onde elettromagnetiche aventi frequenze comprese tra $3{,}75 \cdot 10^{14}$ Hz e $7{,}5 \cdot 10^{14}$ Hz. A questo spettro di frequenze corrisponde uno spettro di colori che va gradatamente dal rosso al violetto. Quando un corpo viene colpito dalla luce, ne assorbe una parte (alcune sue frequenze) e riflette l'altra. Il colore del corpo all'occhio di un osservatore è dato dalla somma delle frequenze riflesse (quelle non assorbite). Il colore di un corpo dipende quindi dalle radiazioni riflesse e assorbite (risposta **B**).

**15** L'intensità di illuminazione è inversamente proporzionale al quadrato della distanza dalla sorgente luminosa: raddoppiando la distanza, l'intensità di illuminazione si riduce quindi di quattro volte (risposta **A**).

**16** Poiché il segnale giunge con 50 periodi di ritardo, per calcolare la distanza dalla sorgente è sufficiente conoscere lo spazio percorso dal segnale in un periodo. Tale spazio corrisponde per definizione alla lunghezza d'onda del segnale.

La relazione che esprime la lunghezza d'onda λ in funzione della velocità *v* e della frequenza ν è la seguente:

$$\lambda = \frac{v}{\nu}$$

per cui, utilizzando i dati forniti, si ricava:

$$\lambda = \frac{300}{500}\ \text{m} = \frac{3}{5}\ \text{m}$$

In 50 periodi, il segnale ha coperto una distanza pari a:

$$s = 50 \cdot \lambda = 50 \cdot \frac{3}{5}\ \text{m} = 30\ \text{m}$$

La risposta corretta è dunque la **D**.

# 4 OTTICA GEOMETRICA

Per ottica geometrica si intende lo studio delle onde luminose e dei fenomeni riguardanti la loro propagazione nell'approssimazione che la lunghezza d'onda sia piccola rispetto alle dimensioni degli ostacoli e delle fenditure incontrati, in modo da poter trascurare l'effetto della diffrazione.

Poiché la luce si propaga in linea retta, nell'ottica geometrica si preferisce parlare di raggi e disegnare le onde come linee rette continue aventi la stessa direzione e verso della propagazione dell'onda. I raggi di luce, ogni volta che incontrano una superficie, subiscono i fenomeni della riflessione e della rifrazione, descritti nel capitolo precedente. In base alla geometria della superficie incontrata e alle proprietà dei mezzi attraversati dai raggi, si presentano vari casi ed effetti. Un effetto della propagazione in linea retta della luce è la formazione di ombre e penombre. Nella figura sono rappresentati i casi di sorgente luminosa puntiforme (a) ed estesa (b).

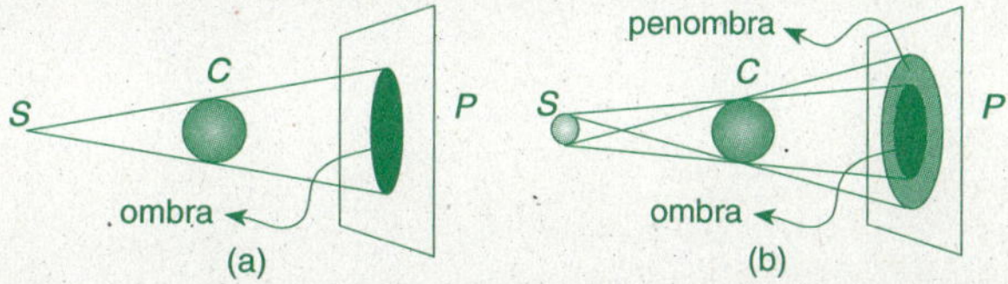


Se la sorgente è puntiforme, si forma un'ombra scura dietro il corpo opaco *C*; se la sorgente è estesa, oltre a una zona di ombra vera e propria, corrispondente alla regione dove nessuno dei raggi uscenti da *S* arriva a colpire lo schermo *P*, esiste anche una zona di penombra, dove una parte dei raggi non viene intercettata da *C* e arriva a *P*.

Un effetto affascinante è il verificarsi delle eclissi totali e parziali di Sole schematizzate in figura: nella zona d'ombra che si crea sulla Terra si ha eclissi totale, nella zona di penombra si ha eclissi parziale.

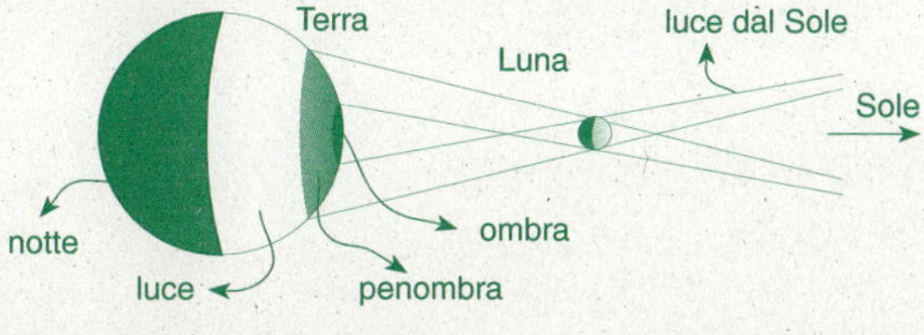


L'ottica geometrica, una volta ipotizzato che la luce si propaga in linea retta, si interessa dell'interazione tra onde luminose e materiali aventi proprietà riflettenti e rifrangenti. In generale si ha una sorgente luminosa, detta anche *punto oggetto*, un corpo riflettente e/o rifrangente, e un *punto immagine* dove si forma l'immagine dell'oggetto.

Per costruire tale immagine è necessario considerare almeno due raggi uscenti dalla sorgente e seguirli nel loro cammino: il punto dove essi si incontrano è detto *immagine reale* dell'oggetto. Non è detto però che i raggi convergano e si incontrino in un punto; essi possono altresì divergere. In tal caso l'immagine è ottenuta dall'intersezione dei prolungamenti dei raggi: si parla in questo caso di *immagine virtuale*.

## 4.1 Specchi

Il primo caso di applicazione dell'ottica geometrica affrontato in questo capitolo riguarda l'interazione fra luce e superfici perfettamente riflettenti: gli specchi. Questi ultimi si distinguono in *piani*, *concavi* e *convessi*.

### 4.1.1 Specchi piani

Uno specchio piano è una lastra piana ricoperta di un sottile strato d'argento che la rende totalmente riflettente.

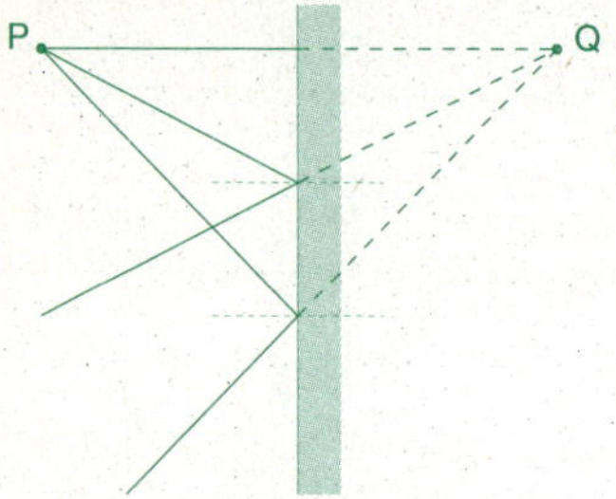


Per costruire l'immagine di un oggetto puntiforme è sufficiente far partire dall'oggetto due raggi diretti verso lo specchio. Ciascuno di essi verrà riflesso secondo le leggi della riflessione. Poiché i due raggi divergono, l'intersezione si ha tra i loro prolungamenti. Si tratta di un'immagine virtuale.

In figura è rappresentata la riflessione di un oggetto puntiforme in uno specchio piano: l'oggetto puntiforme (P) e la sua immagine (Q) si trovano da parti opposte rispetto allo specchio e alla stessa distanza da questo. Si tratta di un'immagine virtuale.

Per costruire l'immagine di un oggetto esteso, è sufficiente trovare le immagini di alcuni punti caratteristici del corpo. Per comodità si disegnano i corpi come segmenti e si prendono come punti caratteristici i due estremi.

Da ciascuno dei due punti si tracciano due raggi, e si ripetono le stesse considerazioni fatte nel caso dell'oggetto puntiforme, come rappresentato in figura: l'immagine P'Q' è virtuale. I raggi paralleli che vengono riflessi da uno specchio piano rimangono paralleli.

Se un raggio colpisce uno specchio piano ortogonalmente, viene riflesso su se stesso.

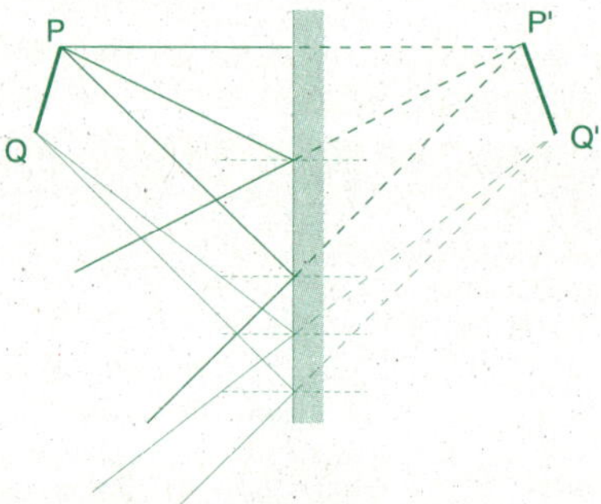


Per individuare il punto immagine di un punto oggetto è di conseguenza particolarmente comodo prendere il raggio uscente dalla sorgente perpendicolare alla superficie riflettente. Come si nota dalle figure, l'immagine in uno specchio piano è delle stesse dimensioni dell'oggetto e dista dallo specchio tanto quanto l'oggetto.

**In uno specchio piano, le immagini sono sempre virtuali, diritte, simmetriche, hanno le stesse dimensioni dell'oggetto e sono poste alla stessa distanza dell'oggetto dalla superficie riflettente.**

Un comune specchio di casa è uno specchio piano. Guardandosi allo specchio, si vede la propria immagine virtuale (dall'altra parte dello specchio), avente le stesse dimensioni, alla stessa distanza dallo specchio. Se si alza il braccio destro, l'immagine solleva il sinistro (simmetria).

L'immagine di un libro in uno specchio piano è alta 30 cm quando il libro dista 1 m dallo specchio. Quanto è alta l'immagine se il libro viene posto a 2 m di distanza dallo specchio?

La risposta corretta è 30 cm; le dimensioni dell'immagine creata da uno specchio piano sono infatti sempre uguali a quelle dell'oggetto.

### 4.1.2 Diedro speculare

Si tratta della combinazione di due specchi piani, con un angolo α tra i due.

A seconda dell'angolo, si forma un numero di immagini date dalla seguente formula:

$$n = \frac{360°}{\alpha} - 1$$

Se ad esempio α vale 90°, si formano tre immagini dell'oggetto, come riportato in figura.

### 4.1.3 Specchi sferici

Uno specchio può essere creato anche da superfici curve riflettenti. Si parla in tal caso di specchio sferico se la superficie è una calotta sferica, parabolico se è parte di un paraboloide e cilindrico se è una porzione della superficie laterale di un cilindro.

Gli specchi sferici si dividono a loro volta in specchi concavi e convessi a seconda che la superficie riflettente sia quella interna o esterna alla calotta.

Per disegnare un raggio riflesso da uno specchio sferico, è necessario tracciare la tangente *t* allo specchio nel punto di contatto tra lo specchio e il raggio incidente. Partendo dal punto di contatto P si disegna la perpendicolare *n* alla tangente e si misura l'angolo α tra il raggio incidente e la normale *n*: il raggio riflesso viene disegnato partendo dal punto di contatto P, facendo in modo che l'angolo tra il raggio riflesso e la normale *n* sia uguale a α.

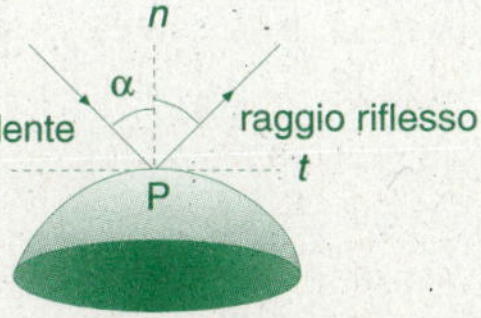

## Elementi caratteristici di uno specchio sferico

- **Centro ottico**: è il centro della sfera di cui lo specchio è parte.
- **Vertice**: punto centrale della calotta sferica.
- **Asse ottico principale**: è la retta passante per il centro e il vertice.
- **Assi ottici secondari**: sono le infinite rette passanti per il centro e qualunque punto dello specchio.
- **Raggio di curvatura**: è il raggio della sfera.
- **Angolo di apertura**: è l'angolo compreso tra i due raggi passanti per il centro ottico e per gli estremi dello specchio.
- **Fuoco principale**: è il punto dell'asse ottico principale in cui viene riflesso un fascio di raggi paralleli all'asse stesso.

Per semplicità, nello studio della riflessione con specchi sferici, si è soliti fare le cosiddette **approssimazioni di Gauss**.

**L'angolo di apertura dello specchio è piccolo.**
**I raggi incidenti sono poco inclinati rispetto all'asse ottico principale.**

Negli **specchi concavi** i raggi paralleli all'asse ottico principale convergono nel **punto focale** F che si trova a metà fra il centro di curvatura C e il vertice O dello specchio (figura a). La **distanza focale** *f* è la distanza fra il punto focale e lo specchio. Gli specchi concavi sono anche detti **convergenti**.

Viceversa, negli **specchi convessi** i raggi paralleli all'asse ottico principale divergono (figura b) e la luce sembra provenire dal punto focale, che si trova *dietro il vertice dello specchio*. Anche in questo caso il punto focale F si trova a metà fra il centro di curvatura C e lo specchio. Gli specchi convessi sono anche detti **divergenti**.

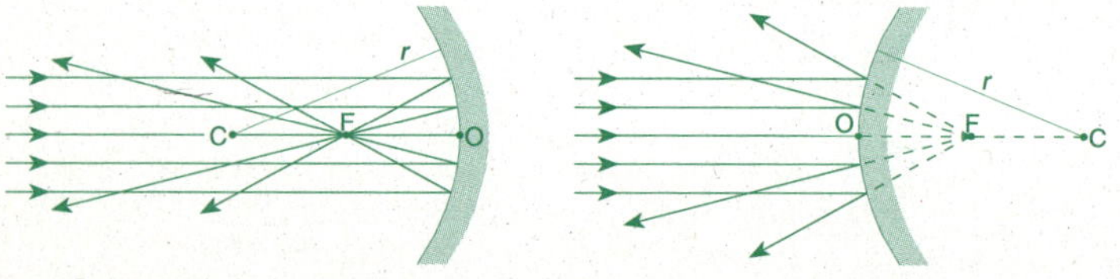


(a) specchio concavo (b) specchio convesso

Riflessione di raggi paralleli all'asse ottico principale in uno specchio concavo e in uno convesso.

Per disegnare l'immagine di un oggetto, si prendono due punti caratteristici della sorgente (solitamente gli estremi) e si tracciano da ciascuno di essi due raggi incidenti. Di solito si disegna:

- un raggio parallelo all'asse ottico che sarà riflesso nel fuoco;
- un raggio passante per il centro ottico, che sarà riflesso su se stesso.

L'intersezione dei due raggi fornisce il punto immagine dell'oggetto.

## 4.1.4 Formula dei punti coniugati

Si consideri uno specchio concavo di centro ottico O e vertice V, e una sorgente luminosa *S*. Con le leggi della riflessione è possibile costruire il punto immagine di *S*. Esistono delle relazioni precise tra le posizioni di tutti questi punti. Per trovarle, è necessario stabilire una notazione per gli elementi che caratterizzano uno specchio (si veda la figura sottostante):

- la *distanza focale f*: è la distanza tra il fuoco F e lo specchio;
- il *raggio di curvatura r*: è la distanza fra il centro ottico O e lo specchio; si ha che $r = 2f$;
- *p*: è la distanza fra l'oggetto e lo specchio;
- *q*: è la distanza fra l'immagine e lo specchio.

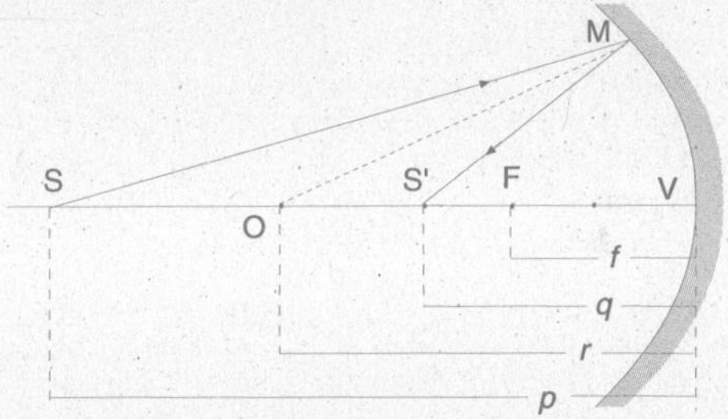


Il segmento MO è la bisettrice dell'angolo SMS' e, per il teorema della bisettrice, divide il lato SS' in due parti proporzionali ai due lati SM e MS'.

Di conseguenza:

$$SM : SO = MS' : OS'$$

D'altra parte, per le approssimazioni di Gauss, si può scrivere che:

$$MS' = VS' = q \qquad SM = SV = p$$

Inoltre

$$SO = p - r \qquad OS' = r - q$$

Quindi la proporzione diventa:

$$p : (p - r) = q : (r - q)$$

Per le proprietà delle proporzioni, il prodotto dei medi deve essere uguale al prodotto degli estremi:

$$p \cdot (r - q) = q \cdot (p - r)$$

Da cui

$$p \cdot r + q \cdot r = 2p \cdot q$$

Dividendo per $p \cdot q \cdot r$ si arriva a una semplice relazione detta *formula dei punti coniugati*:

$$\frac{1}{p} + \frac{1}{q} = \frac{2}{r} = \frac{1}{f}$$

La formula dei punti coniugati consente di calcolare la *posizione dell'immagine* a partire dalla posizione dell'oggetto e conoscendo la distanza focale. Il valore di *q* che si trova può essere sia positivo che negativo.

## 4.1.5 Convenzioni sui segni di $p$, $q$ e $f$

**$q$ *positivo* ⇒ l'immagine è *reale* (si trova di fronte allo specchio)**
**$q$ *negativo* ⇒ l'immagine è *virtuale* (si trova dietro lo specchio)**

**Specchi concavi ⇒ $f$ positivo**
**Specchi convessi ⇒ $f$ negativo**

**$q$ *positivo* ⇒ l'immagine è *capovolta***
**$q$ *negativo* ⇒ l'immagine è *diritta***

**Si ponga un oggetto a 4 metri di distanza da uno specchio concavo avente distanza focale $f$ pari a 2 metri. Dove si forma l'immagine?**

Applicando la formula dei punti coniugati, si ottiene:

$$\frac{1}{p}+\frac{1}{q}=\frac{1}{f} \quad\rightarrow\quad \frac{1}{q}=\frac{1}{f}-\frac{1}{p} \quad\rightarrow\quad \frac{1}{q}=\frac{1}{2\text{ m}}-\frac{1}{4\text{ m}}=\frac{1}{4\text{ m}} \quad\rightarrow\quad q=4\text{ m}$$

Poiché $q > 0$, l'immagine è reale, capovolta e si forma esattamente nello stesso punto dell'oggetto.

Si verificherà nei prossimi paragrafi che tale immagine risulta avere le stesse dimensioni dell'oggetto.

## 4.1.6 Costruzione grafica delle immagini di corpi estesi per gli specchi

Per trovare l'immagine di un corpo esteso, è necessario, come al solito, considerare alcuni suoi punti caratteristici.

L'oggetto viene solitamente rappresentato da una freccia verticale avente un estremo sull'asse ottico; ogni altro caso può essere studiato in maniera analoga.

Si utilizzano quattro regole fondamentali per la realizzazione dell'immagine:

- i raggi paralleli all'asse ottico vengono riflessi nel fuoco;
- i raggi uscenti dal fuoco vengono riflessi parallelamente all'asse ottico;
- i raggi passanti per il centro ottico vengono riflessi su se stessi;
- l'immagine di un punto posto sull'asse ottico si forma sullo stesso asse.

Grazie a queste semplici considerazioni, se l'oggetto ha un estremo sull'asse ottico, è sufficiente cercare l'immagine solo dell'altro estremo. L'immagine totale si otterrà proiettando sull'asse ottico il punto così trovato.

Dall'estremo dell'oggetto di cui si vuole trovare l'immagine, si tracciano sempre due raggi: uno parallelo all'asse ottico verrà riflesso nel fuoco, l'altro passante per il centro verrà riflesso su se stesso.

L'incontro dei due dà l'immagine del punto; può essere davanti allo specchio (immagine reale) o dietro (immagine virtuale).

Nelle figure della pagina seguente sono presentati tutti i casi di riflessione con specchi concavi e convessi. Si noti che si possono avere risultati diversi a seconda della posizione dell'oggetto rispetto ai punti caratteristici dello specchio. In particolare, mentre negli specchi concavi le proprietà dell'immagine dipendono dalla posizione dell'oggetto rispetto ai punti caratteristici dello specchio, negli specchi convessi l'immagine è sempre virtuale, diritta e rimpicciolita.

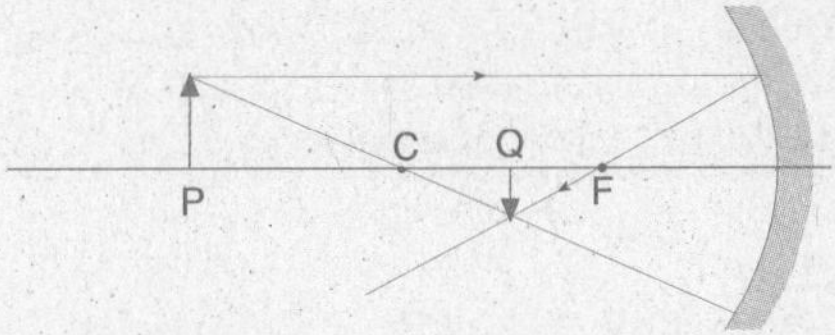


Figura a – Specchio concavo. Oggetto posto oltre il centro ottico. L'immagine è reale, rimpicciolita, capovolta e a distanza inferiore.

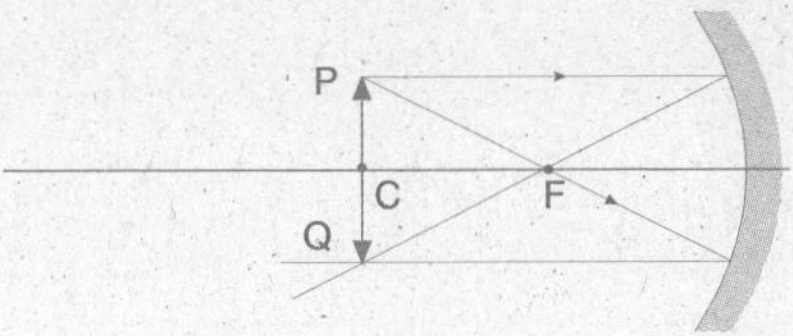


Figura b – Specchio concavo. Oggetto posto sul centro ottico. L'immagine è reale, delle stesse dimensioni, capovolta e alla stessa distanza.

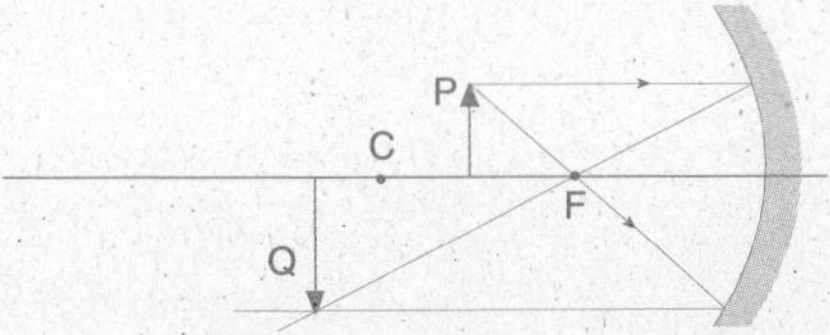


Figura c – Specchio concavo. Oggetto posto tra il centro ottico e il fuoco. L'immagine è reale, ingrandita, capovolta e a distanza maggiore.

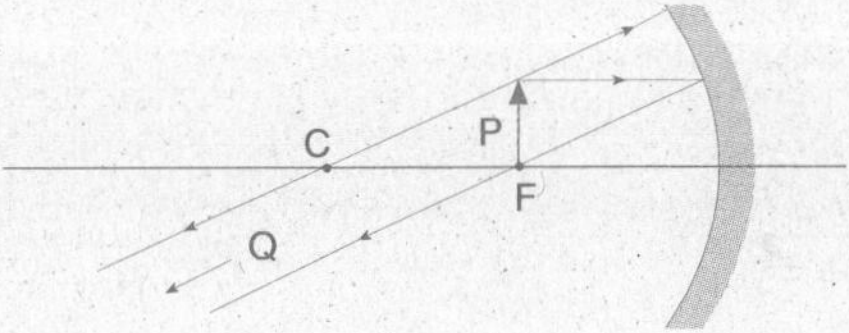


Figura d – Specchio concavo. Oggetto posto sul fuoco. L'immagine si forma a distanza infinita.

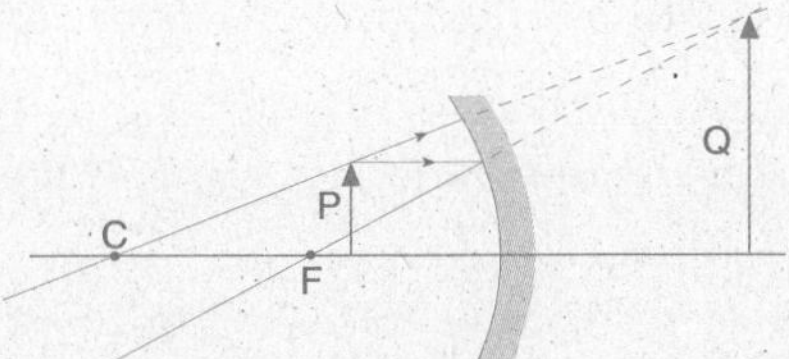


Figura e – Specchio concavo. Oggetto posto tra il fuoco e lo specchio. L'immagine è virtuale, ingrandita e diritta.

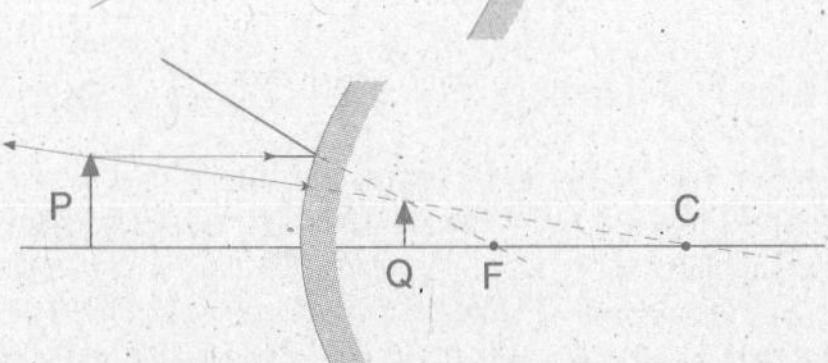


Figura f – Specchio convesso. L'immagine è sempre virtuale, diritta e rimpicciolita.

## 4.1.7 Ingrandimento lineare

**Si definisce ingrandimento lineare il rapporto tra un qualunque segmento dell'immagine e il corrispondente segmento dell'oggetto.**

Poiché nelle figure della pagina precedente si è considerato come oggetto un segmento, l'ingrandimento lineare è semplicemente il rapporto tra la lunghezza dell'immagine e quella dell'oggetto.

**L'ingrandimento lineare è una quantità adimensionale.**

È possibile collegare il valore dell'ingrandimento lineare alle quantità *p*, *q* e *f*.

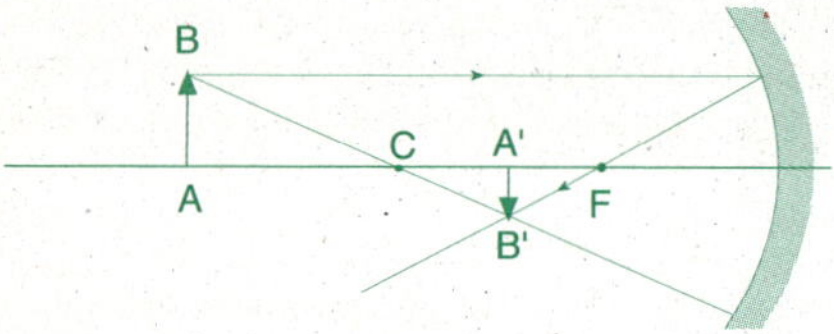


Si consideri lo specchio concavo in figura, dove l'oggetto AB dà l'immagine A'B'. Dalla similitudine dei triangoli ABC e A'B'C si ha che:

$$G = \frac{A'B'}{AB} = \frac{A'C}{AC} = \frac{r-q}{p-r}$$

dove *r* è il raggio di curvatura e *G* è il rapporto di ingrandimento.

Si può ora dimostrare che:

$$\frac{r-q}{p-r} = \frac{q}{p}$$

Si consideri un punto P e la sua immagine P' riflessa da uno specchio concavo. Il segmento MC è per costruzione la bisettrice dell'angolo $P\hat{C}P'$. Per il teorema della bisettrice, MC divide il lato PP' in due parti proporzionali ai lati PM e P'M. D'altra parte PM e P'M sono approssimabili a PV e P'V. Quindi:

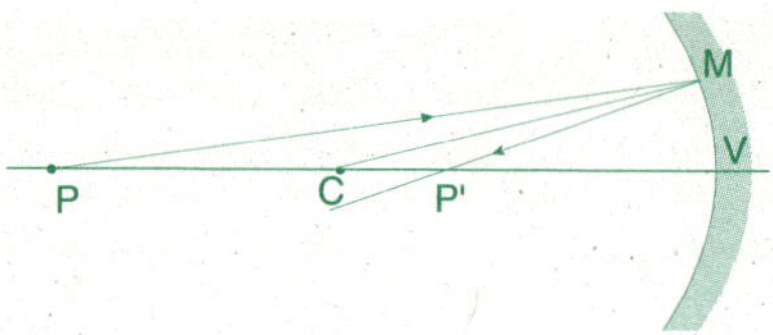


$$\frac{r-q}{p-r} = \frac{P'C}{PC} = \frac{P'M}{PM} = \frac{P'V}{PV} = \frac{q}{p}$$

**Il rapporto di ingrandimento è dato da: $G = \frac{q}{p}$**

**Si calcoli l'ingrandimento lineare di un oggetto posto a 3 metri di distanza da uno specchio concavo avente distanza focale *f* pari a 2 metri.**

Applicando la formula dei punti coniugati, si ottiene:

$$\frac{1}{p} + \frac{1}{q} = \frac{1}{f} \rightarrow \frac{1}{q} = \frac{1}{f} - \frac{1}{p} \rightarrow \frac{1}{q} = \frac{1}{2\text{ m}} - \frac{1}{3\text{ m}} = \frac{1}{6\text{ m}} \rightarrow q = 6\text{ m}$$

L'immagine è reale, capovolta e si forma a una distanza maggiore dell'oggetto.
L'ingrandimento è pari a:

$$G = \frac{q}{p} = \frac{6\text{ m}}{3\text{ m}} = 2$$

### 4.1.8 Procedimento analitico per lo studio della riflessione

Dato uno specchio concavo o convesso, è possibile disegnare le immagini graficamente e studiarne le caratteristiche geometricamente.

Diversamente, è possibile avere informazioni sulle immagini analiticamente, utilizzando la formula dei punti coniugati e le seguenti considerazioni sull'ingrandimento lineare.

Ricordando le convenzioni sui segni di $p$ e $q$, si hanno le seguenti relazioni.

**Immagine *reale* $\Rightarrow$ $q$ positivo $\Rightarrow$ $G$ positivo**
**Immagine *virtuale* $\Rightarrow$ $q$ negativo $\Rightarrow$ $G$ negativo**

**$q$ positivo $\Rightarrow$ l'immagine è *capovolta* $\Rightarrow$ $G$ positivo**
**$q$ negativo $\Rightarrow$ l'immagine è *diritta* $\Rightarrow$ $G$ negativo**

**Se $G < 1$ $\Rightarrow$ l'immagine è più piccola dell'oggetto**
**Se $G > 1$ $\Rightarrow$ l'immagine è più grande dell'oggetto**
**Se $G = 1$ $\Rightarrow$ l'immagine è uguale all'oggetto**

Per concludere, con facili passaggi si arriva a dimostrare che:

$$G = \frac{q}{p} = \frac{r-q}{p-r} = \frac{2f-q}{p-2f} = \frac{f}{p-f}$$

## 4.2 Superfici trasparenti: la rifrazione

Una superficie di separazione tra due mezzi può essere perfettamente riflettente (specchi), perfettamente rifrangente (lenti), oppure avere entrambe le proprietà.

Una superficie perfettamente rifrangente si dice *trasparente*.

Mentre nella trattazione degli specchi si sono utilizzate le leggi della riflessione, per le superfici trasparenti è necessario prendere in considerazione il fenomeno della rifrazione.

**Un'onda che attraversa una superficie di separazione tra due mezzi diversi, cambia la direzione di propagazione.**

La variazione di direzione è legata alle proprietà della materia attraversata. L'indice di rifrazione dei materiali attraversati permette di calcolare l'angolo di rifrazione del raggio luminoso.

Si ricordano le seguenti leggi:

- $\frac{\text{sen}\, i}{\text{sen}\, r} = \text{costante} = n_{1,2}$
- $n_{1,2} = \frac{n_2}{n_1}$

  dove $n_{1,2}$ è detto *indice di rifrazione relativo* del mezzo 2 rispetto al mezzo 1, mentre $n_1$ e $n_2$ sono gli *indici di rifrazione assoluti* dei mezzi 1 e 2 rispetto al vuoto.

Indicando con $v_1$ e $v_2$ le velocità dell'onda nei mezzi 1 e 2, si dimostra che:

$$n_{1,2} = \frac{n_2}{n_1} = \frac{v_1}{v_2} \quad \rightarrow \quad \frac{v_1}{v_2} = \frac{\text{sen}\, i}{\text{sen}\, r_2}$$

## 4.2.1 Rifrazione con una lastra trasparente a facce piane

Esiste una seconda fondamentale differenza tra specchi e lenti (o superfici trasparenti in genere).

**Nel caso delle lenti, le superfici attraversate dalla luce sono due.**

Il fenomeno della rifrazione va quindi osservato e studiato sia quando il raggio luminoso colpisce l'oggetto trasparente, sia quando ne esce.

Si consideri, per esempio, una lastra di vetro avente le due facce parallele tra loro. Dalla figura sottostante si può notare che il raggio subisce due deviazioni, una in entrata e l'altra in uscita.

Nel passaggio aria-vetro, il raggio si avvicina alla normale alla superficie e l'angolo rispetto alla normale subisce una variazione pari a $i - r$.

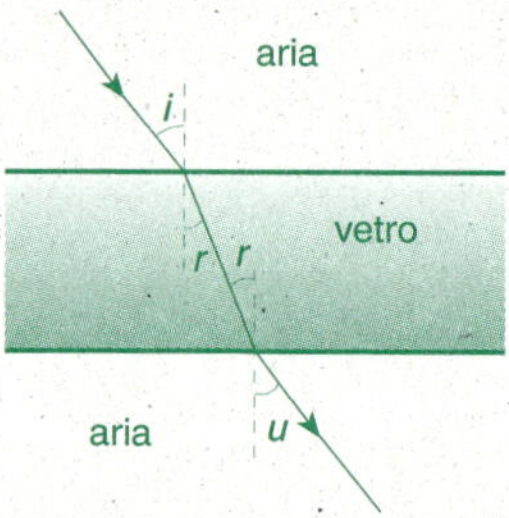


Quando arriva all'altra superficie, il passaggio vetro-aria fa subire al raggio una deviazione opposta. La variazione dell'angolo è data da $r - u$ ed è contraria alla prima variazione:

$$i - r = -(r - u) \quad \rightarrow \quad i = u$$

Il raggio in definitiva mantiene una direzione di propagazione parallela a quella iniziale, pur risultando traslato rispetto alla posizione iniziale.

## 4.2.2 Prisma ottico

Si tratta di un oggetto trasparente in cui due facce piane si incontrano formando un angolo detto angolo di rifrangenza o angolo di apertura (in figura è l'angolo $\alpha$).

Quando un raggio colpisce una delle due superfici, subisce una prima deviazione, avvicinandosi alla normale alla superficie.

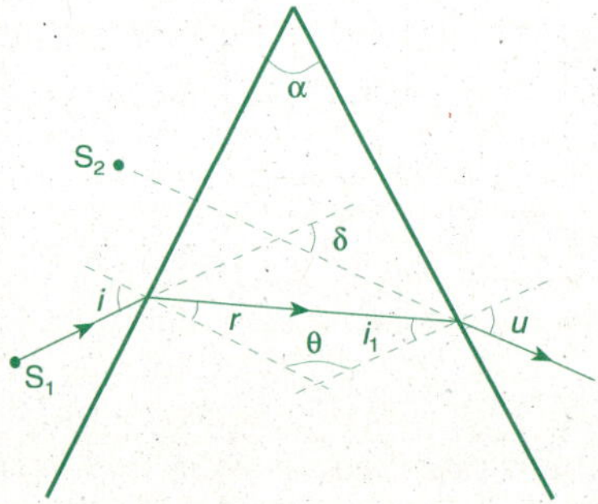


Una seconda deviazione avviene quando incontra la faccia opposta, con un allontanamento del raggio dalla normale. Un osservatore che si trova al di là del prisma, vede la luce provenire dal punto $S_2$ invece che da $S_1$.

È possibile calcolare l'angolo di deviazione $\delta$ di cui il raggio incidente viene spostato.

La prima deviazione è $i - r$.

La seconda è $u - i_1$.

La deviazione totale è:

$$\delta = i - r + u - i_1 = i + u - (r + i_1)$$

Da considerazioni geometriche è possibile dimostrare che $r + i_1 = 180° - \theta = \alpha$.

**L'angolo di deviazione di un prisma è pari a:** $\delta = \boldsymbol{i + u - \alpha}$

Il prisma è particolarmente utile per studiare il fenomeno della dispersione della luce.

## 4.2.3 Diottro sferico

Fino ad ora sono state prese in considerazione superfici piane. Si considerino ora superfici curve, in particolare sferiche.

✓ **Si definisce diottro sferico un sistema costituito da due mezzi aventi indice di rifrazione diverso, separati da una superficie sferica.**

Un diottro sferico è caratterizzato da:

- angolo di apertura $\alpha$;
- vertice V;
- asse ottico principale;
- fuochi $F_1$ e $F_2$: sono due punti nei quali vengono rifratti i raggi provenienti dall'infinito;
- distanze focali $f_1$ e $f_2$.

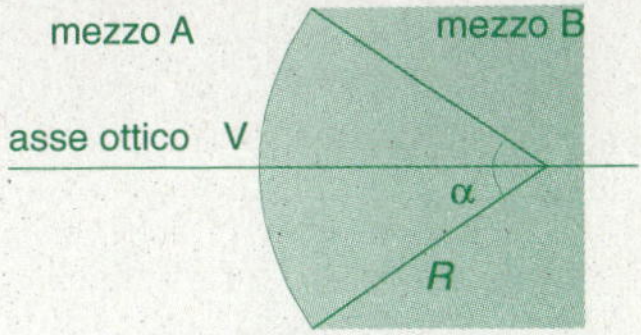


Si consideri una sorgente puntiforme S e due raggi SV e SM uscenti da essa.

Il raggio SV, in quanto perpendicolare alla calotta sferica, non subisce deviazione e prosegue diritto.

Il raggio SM viene deviato e si avvicina alla normale alla superficie.

I due raggi si incontrano nel punto $S_1$, immagine di S.

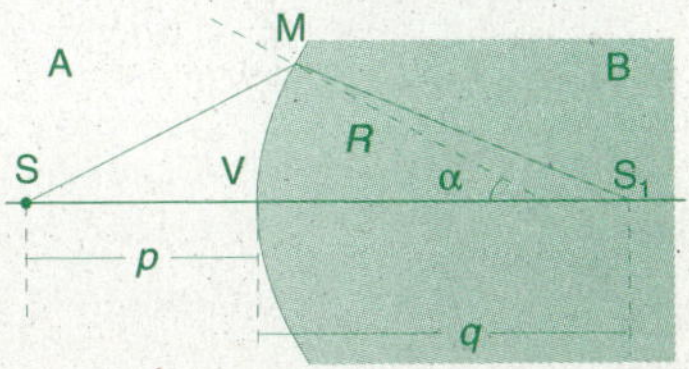


Chiamando $p$ la distanza dell'oggetto dal diottro, $q$ la distanza tra l'immagine e il diottro e $R$ il raggio della calotta sferica, si può arrivare a una relazione tra questi elementi detta **formula dei punti coniugati per il diottro**:

$$\frac{n_A}{p} + \frac{n_B}{q} = \frac{n_B - n_A}{R} \qquad [4.1]$$

dove $n_A$ e $n_B$ sono rispettivamente l'indice di rifrazione del primo e del secondo mezzo.

Se la sorgente è posta nel fuoco $F_1$, i raggi vengono rifratti verso l'infinito; quindi

$$p = f_1 \qquad q = \infty$$

e la formula dei punti coniugati assume la forma:

$$\frac{n_A}{f_1} + 0 = \frac{n_B - n_A}{R} \quad \rightarrow \quad f_1 = \frac{R \cdot n_A}{n_B - n_A}$$

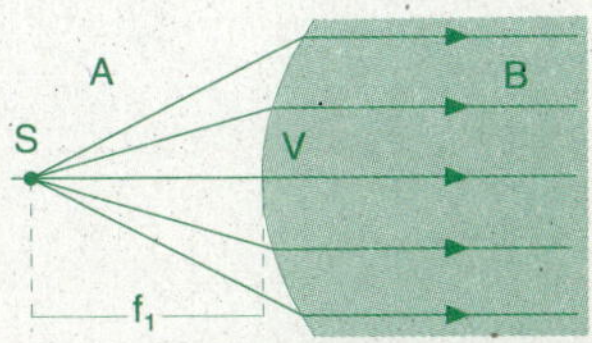


Allo stesso modo, supponendo che l'oggetto sia posto all'infinito, i raggi si incontrano sul fuoco $F_2$ e si ha:

$$p = \infty \qquad q = f_1$$

Dalla formula dei punti coniugati si ottiene:

$$f_2 = \frac{R \cdot n_B}{n_B - n_A}$$

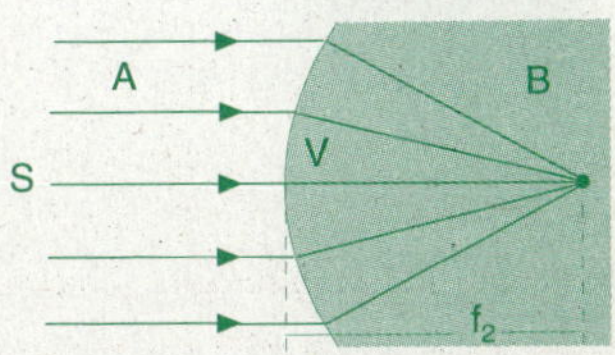

## Costruzione delle immagini con un diottro sferico

L'immagine di un oggetto esteso viene disegnata ricordando che:

- tutti i raggi provenienti dall'infinito vengono rifratti nel fuoco $F_2$;
- tutti i raggi passanti per il fuoco $F_1$ vengono rifratti verso l'infinito;
- tutti i raggi diretti verso il centro della calotta sferica non subiscono alcuna deviazione.

Dato l'oggetto, è quindi sufficiente tracciare da ogni suo punto caratteristico due dei tre raggi appena descritti.

La loro intersezione dà l'immagine di quel punto.

In particolare, dato l'oggetto AB avente l'estremo A sull'asse ottico, è sufficiente trovare l'immagine del punto B.

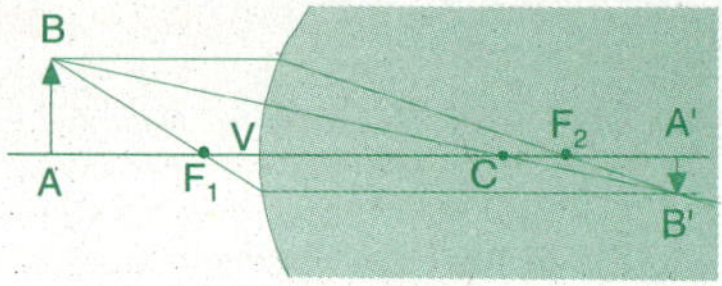


Per concludere, può essere utile ricordare alcune convenzioni sui segni delle variabili $p$, $q$, $R$ e $f$.

***q* positivo ⇒ l'immagine è *reale* (si trova oltre il diottro)**
***q* negativo ⇒ l'immagine è *virtuale* (si trova davanti al diottro)**

**Luce incidente sulla faccia convessa ⇒ diottro convergente ⇒ *R* positivo**
**Luce incidente sulla faccia concava ⇒ diottro divergente ⇒ *R* negativo**

***R* positivo ⇒ $f_1$ e $f_2$ positivi ⇒ fuochi reali**
***R* negativo ⇒ $f_1$ e $f_2$ negativi ⇒ fuochi virtuali**

## Diottro piano

La superficie sferica del diottro può avere un qualunque raggio di curvatura: al crescere del raggio tale superficie si appiattisce sempre di più. Al limite, il raggio può tendere all'infinito e la superficie diventare piatta. Quindi un qualunque sistema formato da due mezzi diversi divisi da una superficie piana può essere visto come un diottro avente raggio $R$ infinito.

Uno specchio d'acqua è un diottro piano, i cui due materiali sono l'acqua e l'aria.

Dalla formula dei punti coniugati si ha di conseguenza:

$$\frac{n_A}{p} + \frac{n_B}{q} = 0$$

Si ponga ora un oggetto nell'acqua e lo si osservi dall'esterno; ricordando che l'indice di rifrazione dell'acqua vale 1,333, mentre quello dell'aria vale 1, si trova:

$$\frac{1{,}333}{p} + \frac{1}{q} = 0 \quad \rightarrow \quad q = -\frac{p}{1{,}333}$$

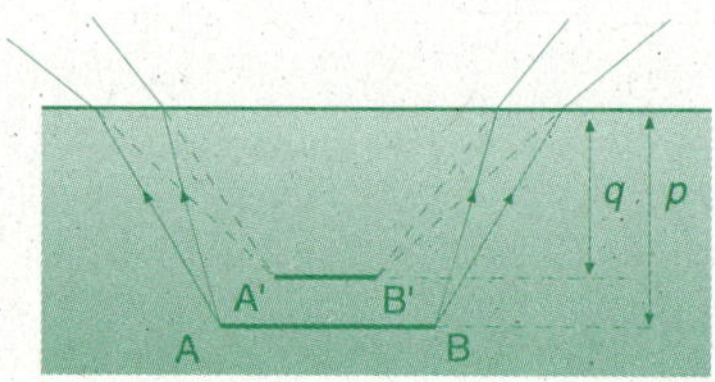


Il fatto che $q$ abbia valore negativo implica che l'immagine sia virtuale (si forma nell'acqua); inoltre $|q| < |p|$ e l'oggetto viene visto più vicino di quanto sia in realtà.

## 4.2.4 Lenti sottili

Una lente può essere vista come un mezzo trasparente delimitato da due superfici, almeno una delle quali è curva.

Se entrambe le superfici sono curve, il loro centro di curvatura si trova su una retta, detta *asse ottico* della lente.

✓ **Si definisce *sottile* una lente di spessore trascurabile.**

Si chiamano **lenti convergenti** le lenti in grado di concentrare i raggi che le colpiscono, **lenti divergenti** quelle che li allontanano.

A seconda della forma delle due superfici della lente, si può fare un'ulteriore classificazione delle lenti, come mostrato nella figura seguente.

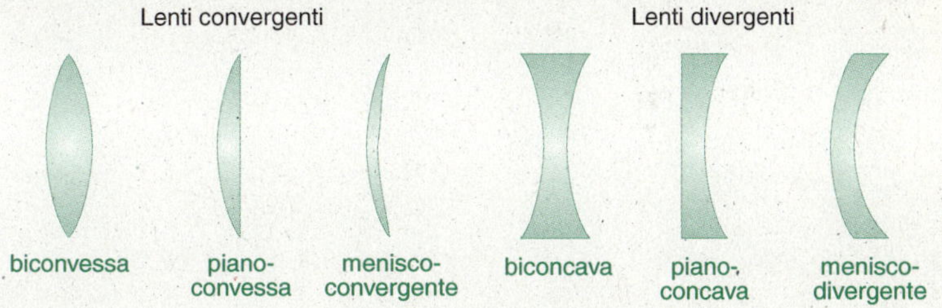


Dal momento che la luce può attraversare la lente in entrambe le direzioni, la lente ha due centri ottici, due punti focali (uno da ciascun lato della lente) e due distanze focali *f.* Nella figura sottostante sono evidenziati i punti caratteristici di una lente convergente biconvessa; essi sono:

- **centri di curvatura**: sono i centri $C_1$ e $C_2$ delle due calotte sferiche;
- **asse ottico principale**: è la retta $C_1C_2$;
- **fuochi principali**: sono i fuochi $F_1$ e $F_2$ delle due superfici sferiche, sono cioè i punti dove convergono i raggi provenienti dall'infinito;
- **centro ottico**: è il punto O tale per cui tutti i raggi passanti per esso non subiscono deviazione.

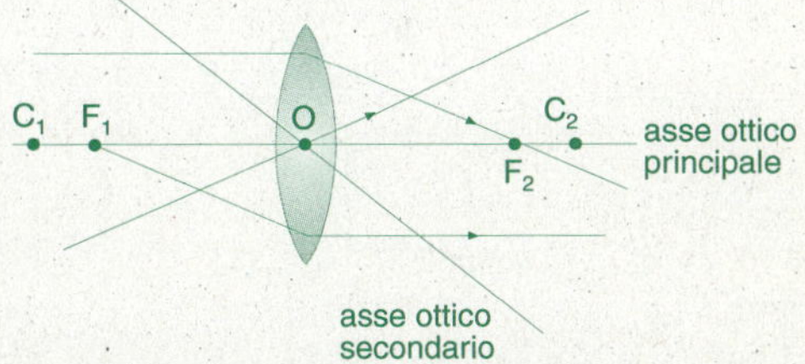


I raggi passanti per il centro ottico in realtà subiscono anch'essi una deviazione sia in entrata che in uscita dalla lente. L'effetto totale è però lo stesso di una lastra piana a facce parallele: il raggio in entrata è parallelo a quello in uscita, per cui per le lenti sottili si suppone che il raggio non subisca alcuna deviazione.

Si definiscono anche gli **assi ottici secondari** come quelle rette passanti per il centro ottico O non parallele all'asse ottico principale.

## Individuazione dei fuochi di una lente

Nel caso di lenti convergenti, i raggi provenienti dall'infinito convergono in un punto detto fuoco che si trova dalla parte opposta della lente, così come i raggi provenienti dal fuoco attraversano la lente e proseguono paralleli all'asse ottico.

Nel caso di lenti divergenti, i raggi provenienti dall'infinito divergono; se li si prolunga dalla stessa parte della lente, si incontrano nel fuoco della lente.

**Poiché nelle lenti sottili le due distanze focali sono uguali, si parla semplicemente di distanza focale.**

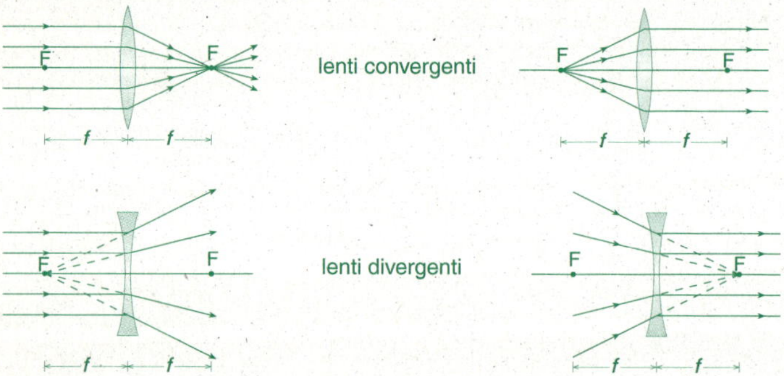


## 4.2.5 Convenzioni sui segni delle variabili

Come per gli specchi, si utilizzano le lettere $p$, $q$, $f$ per indicare rispettivamente la distanza dell'oggetto dalla lente, la distanza dell'immagine dalla lente e la distanza focale.

**Si chiama *parte reale* il semispazio che si trova dall'altra parte della lente rispetto all'oggetto.**

**Si chiama *parte virtuale* il semispazio che si trova dalla stessa parte della lente rispetto all'oggetto.**

***q* *positivo*** $\Rightarrow$ **l'immagine è *reale* (si trova oltre la lente)**
***q* *negativo*** $\Rightarrow$ **l'immagine è *virtuale* (si trova davanti alla lente)**

***p* e *q* sono concordi se oggetto e immagine sono da parti opposte**
***p* e *q* sono discordi se oggetto e immagine sono dalla stessa parte**

**Se la luce colpisce la faccia convessa, cioè per le lenti convergenti, si assume *R* positivo.**

**Se la luce colpisce la faccia concava, cioè per le lenti divergenti, si assume *R* negativo.**

**Lenti convergenti** $\Rightarrow$ ***f* positiva** $\Rightarrow$ **fuochi reali**
**Lenti divergenti** $\Rightarrow$ ***f* negativa** $\Rightarrow$ **fuochi virtuali**

## 4.2.6 Formula dei punti coniugati per le lenti

Una lente può essere vista come due diottri sferici che racchiudono una regione di materiale diverso da quello delle due regioni esterne. I due raggi di curvatura dei diottri non sono necessariamente uguali.

È quindi possibile ricavare una formula dei punti coniugati per le lenti, partendo dalla formula dei punti coniugati per i diottri:

$$\frac{n_A}{p}+\frac{n_B}{q}=\frac{n_B-n_A}{R}$$

Sia dato un oggetto P, per comodità puntiforme, e si esamini il cammino di un raggio luminoso uscente. Esso incontra il primo diottro in M, viene rifratto e andrebbe a formare l'immagine nel punto Q'. Ponendo $n_A = 1$ (vuoto) e indicando $n_B = n$, si trova, per il primo diottro:

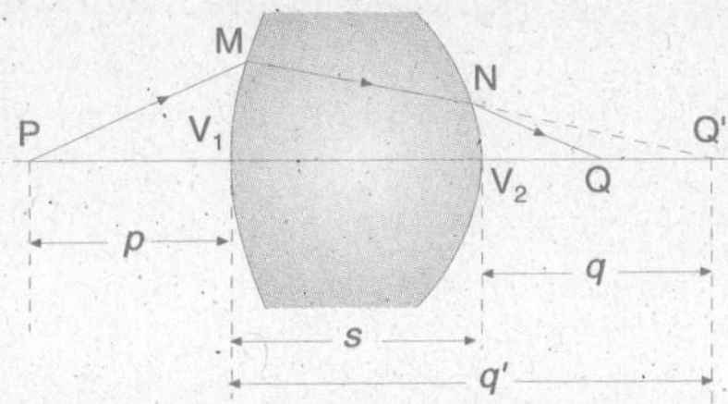


$$\frac{1}{p}+\frac{n}{q'}=\frac{n-1}{R_1}$$

In realtà il raggio subisce una seconda deviazione nel punto N e quindi l'immagine si forma in Q e non in Q'. Per individuare la posizione di Q, si può ripetere lo stesso procedimento, considerando l'immagine Q' del primo diottro come oggetto per il secondo.

In quel caso si pone $n_A = n$ e $n_B = 1$; inoltre $R_2$ va preso negativo in quanto la curvatura del secondo diottro è opposta a quella del primo.

Per il secondo diottro $p = -V_2Q' = -(V_1Q' - s) = -(q' - s)$ dove il segno meno tiene conto del fatto che il raggio luminoso segue un percorso contrario a quello reale.

La formula dei punti coniugati per il secondo diottro assume di conseguenza la forma:

$$-\frac{n}{q'-s}+\frac{1}{q}=\frac{1-n}{R_2}$$

Se la lente è sottile, $s$ può essere trascurato e si ha:

$$-\frac{n}{q'}+\frac{1}{q}=\frac{1-n}{R_2}$$

Sommando membro a membro le due equazioni trovate per i due diottri, si ha:

$$\frac{1}{p}+\frac{1}{q}=(n-1)\left(\frac{1}{R_1}-\frac{1}{R_2}\right)$$

che è l'equazione dei punti coniugati per le lenti sottili.

È possibile dimostrare che, detta $f$ la distanza focale della lente, si ha:

$$\frac{1}{f}=(n-1)\left(\frac{1}{R_1}-\frac{1}{R_2}\right)$$

Questa relazione è detta **equazione dei costruttori di lenti** o **equazione degli ottici**.

Confrontandola con l'equazione dei punti coniugati, si trova $\frac{1}{p}+\frac{1}{q}=\frac{1}{f}$ che è la stessa espressione già usata per gli specchi.

## 4.2.7 Costruzione grafica delle immagini di corpi estesi per le lenti

Si utilizzano quattro regole fondamentali per la realizzazione dell'immagine:

- i raggi paralleli all'asse ottico vengono rifratti nel fuoco;
- i raggi uscenti dal fuoco vengono rifratti parallelamente all'asse ottico;
- i raggi passanti per il centro ottico attraversano la lente senza subire deviazione;
- l'immagine di un punto posto sull'asse ottico si forma sullo stesso asse.

Come per gli specchi, si suppone che l'oggetto sia una freccia, avente la base sull'asse ottico della lente. È sufficiente disegnare l'immagine della punta della freccia; l'intera immagine viene poi costruita tracciando la perpendicolare da quel punto all'asse ottico.

Nelle figure seguenti vengono esaminati vari casi, a seconda della posizione dell'oggetto e del tipo di lente: l'immagine potrà essere reale o virtuale, diritta o capovolta, ingrandita o rimpicciolita.

Per ciascun caso è anche possibile seguire un procedimento analitico che sfrutta la formula dei punti coniugati e che permette di calcolare il punto dove si forma l'immagine e le sue dimensioni, partendo dalla posizione dell'oggetto.

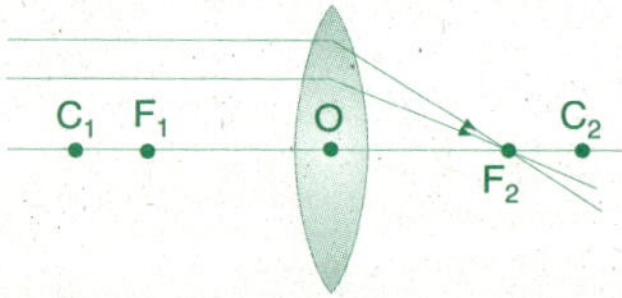


Figura a – Lente convergente biconvessa. Oggetto posto all'infinito. Tutti i raggi provenienti dall'oggetto vengono rifratti nel fuoco $F_2$. L'immagine è puntiforme reale.

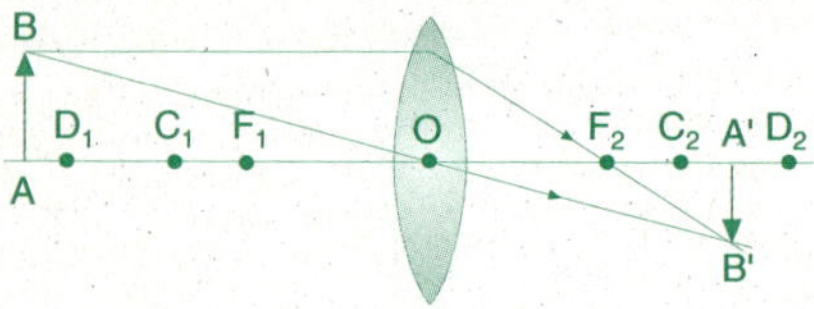


Figura b – Lente convergente biconvessa. Oggetto posto tra l'infinito e il doppio della distanza focale (punto $D_1$). L'immagine si forma tra il fuoco $F_2$ e il doppio della distanza focale (punto $D_2$): è reale, capovolta e rimpicciolita.

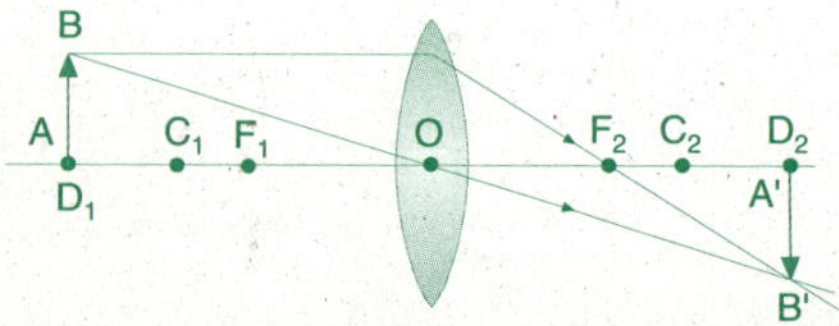


Figura c – Lente convergente biconvessa. Oggetto posto al doppio della distanza focale (punto $D_1$). L'immagine si forma al doppio della distanza focale (punto $D_2$): è reale, capovolta e delle stesse dimensioni dell'oggetto.

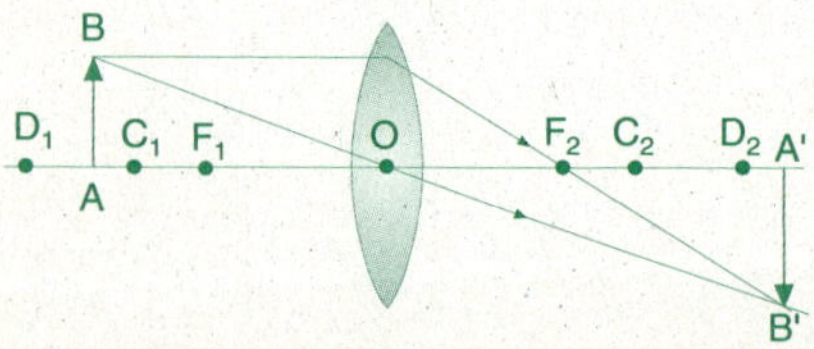


Figura d – Lente convergente biconvessa. Oggetto posto tra il fuoco $F_1$ e il doppio della distanza focale (punto $D_1$). L'immagine si forma oltre il doppio della distanza focale (punto $D_2$): è reale, capovolta e ingrandita.

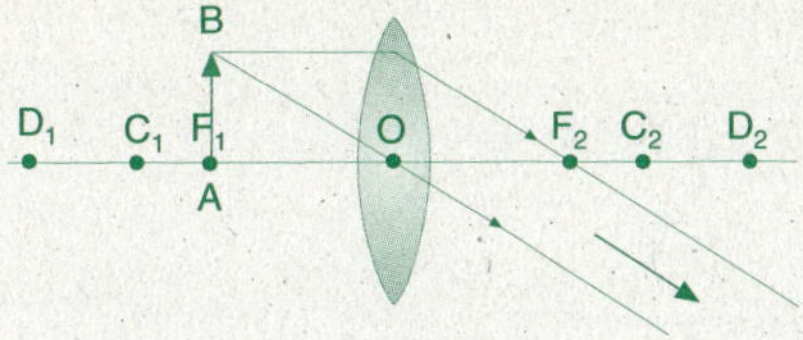


Figura e – Lente convergente biconvessa. Oggetto posto sul fuoco $F_1$. L'immagine si forma all'infinito: i raggi rifratti escono dalla lente paralleli.

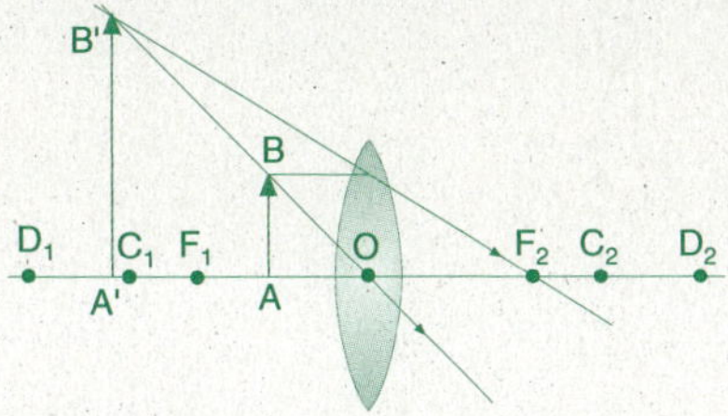


Figura f – Lente convergente biconvessa. Oggetto posto tra il fuoco $F_1$ e la lente. L'immagine si forma dalla stessa parte dell'oggetto: è virtuale, diritta e ingrandita.

A titolo di esempio, si consideri il caso (e) e si utilizzi il procedimento analitico per avere informazioni sull'immagine. L'oggetto è posto sul fuoco ($p = f$), quindi dalla formula dei punti coniugati si ha:

$$\frac{1}{p}+\frac{1}{q}=\frac{1}{f} \quad \rightarrow \quad \frac{1}{f}+\frac{1}{q}=\frac{1}{f} \quad \rightarrow \quad \frac{1}{q}=\frac{1}{f}-\frac{1}{f}=0 \quad \rightarrow \quad q=\infty$$

quindi l'immagine si forma all'infinito.

Si esamini ora il caso di una lente divergente biconcava.

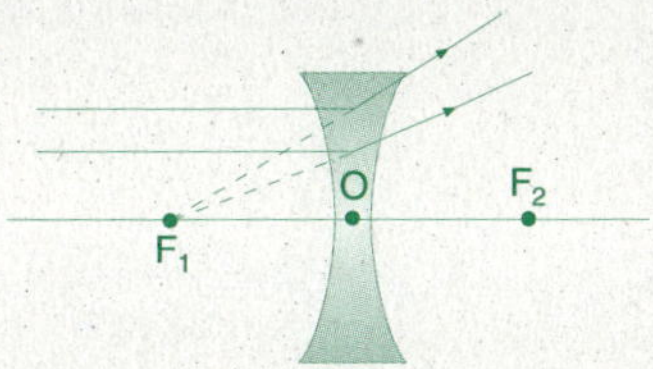


Figura g – Lente divergente biconcava. Oggetto posto all'infinito. L'immagine si forma dalla stessa parte dell'oggetto, nel fuoco della lente: è virtuale e puntiforme.

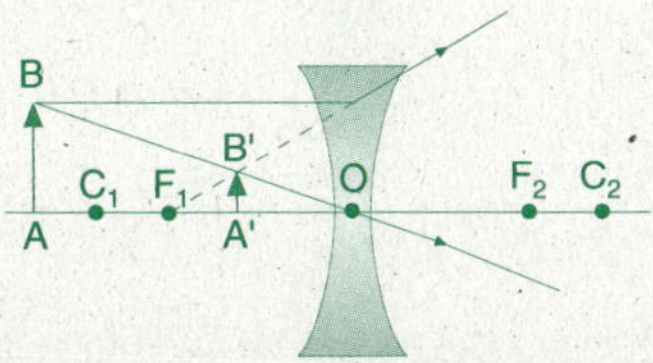


Figura h – Lente divergente biconcava. Oggetto a distanza finita. Qualunque sia la distanza dell'oggetto dalla lente, l'immagine si forma dalla stessa parte dell'oggetto: è virtuale, diritta e rimpicciolita.

Anche nel caso di lenti divergenti, è possibile applicare la formula dei punti coniugati per ricavare informazioni sulle immagini.

Poiché nelle lenti divergenti la distanza focale $f$ è per convenzione negativa, dalla formula dei punti coniugati si nota che il secondo membro è negativo e poiché $p > 0$, si ha necessariamente $q < 0$: l'immagine è virtuale.

## 4.2.8 Ingrandimento lineare

**Si definisce ingrandimento lineare il rapporto tra un qualunque segmento dell'immagine e il corrispondente segmento dell'oggetto.**

Poiché si è considerato come oggetto un segmento, l'ingrandimento lineare è semplicemente il rapporto tra la lunghezza dell'immagine e quella dell'oggetto.

Si consideri un oggetto AB posto oltre il fuoco di una lente convergente biconvessa.

Dalla similitudine tra i triangoli ABO e A'B'O, si ha che:

$$G = \frac{A'B'}{AB} = \frac{q}{p}$$

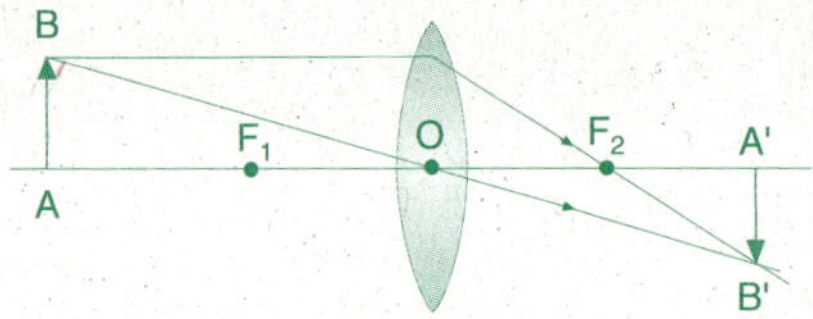


**Il rapporto di ingrandimento è dato da: $G = \frac{q}{p}$**

D'altra parte:

$$\frac{1}{p} + \frac{1}{q} = \frac{1}{f} \quad \rightarrow \quad \frac{1}{q} = \frac{1}{f} - \frac{1}{p} = \frac{p-f}{f \cdot p} \quad \rightarrow \quad q = \frac{f \cdot p}{p-f}$$

Sostituendo $q$ nell'espressione del rapporto di ingrandimento, si ha:

$$G = \frac{f}{p-f}$$

**Se il rapporto di ingrandimento è maggiore di uno, l'immagine è più grande dell'oggetto, se è inferiore a uno, è più piccola.**

**Se il rapporto di ingrandimento è positivo, $q$ e $p$ hanno lo stesso segno, l'immagine è reale, si forma oltre la lente ed è capovolta.**
**Se il rapporto di ingrandimento è negativo, $q$ e $p$ hanno segno opposto, l'immagine è virtuale, si forma prima della lente ed è diritta.**

**Si calcoli l'ingrandimento lineare di un oggetto posto a 6 metri di distanza da una lente biconvessa, sapendo che la distanza focale $f$ della lente è pari a 2 metri.**

Applicando la formula dei punti coniugati, si ottiene:

$$\frac{1}{p} + \frac{1}{q} = \frac{1}{f} \quad \rightarrow \quad \frac{1}{q} = \frac{1}{f} - \frac{1}{p} \quad \rightarrow \quad \frac{1}{q} = \frac{1}{2\text{ m}} - \frac{1}{6\text{ m}} = \frac{2}{6\text{ m}} = \frac{1}{3\text{ m}}$$

da cui si ricava:

$$q = 3\text{ m}$$

L'immagine è quindi reale, capovolta e si forma tra il fuoco e il doppio della distanza focale.

L'ingrandimento è pari a:

$$G = q/p = 3\text{ m}/6\text{ m} = 0{,}5$$

quindi l'immagine è rimpicciolita.

### 4.2.9 Potere diottrico di una lente

***Potere convergente* o *potenza* di una lente:** $P = \frac{1}{f}$

*P* è *positivo* nel caso di lenti convergenti, *negativo* nel caso di lenti divergenti. Esprimendo la distanza focale in metri, il potere convergente, detto anche *potere diottrico*, viene misurato in unità chiamate *diottrie* (dimensionalmente pari al reciproco di una lunghezza).

Una lente convergente avente una distanza focale di 20 cm presenta un potere diottrico pari a + 5 diottrie.

# TEST DI VERIFICA

1 **La posizione del fuoco di una lente dipende:**

A dalla distanza dell'oggetto
B dalla grandezza della lente
C dall'indice di rifrazione
D dalla posizione del centro ottico

2 **L'ingrandimento di un microscopio:**

A è uguale alla somma degli ingrandimenti dell'obiettivo e dell'oculare
B è uguale al prodotto degli ingrandimenti dell'obiettivo e dell'oculare
C è uguale alla somma degli ingrandimenti dell'obiettivo diviso l'ingrandimento dell'oculare
D dipende dalla lunghezza d'onda della luce usata
E dipende dal mezzo, attraverso il quale passa la luce, interposto tra vetrino e obiettivo

3 **Il potere diottrico di una lente è:**

A il reciproco della distanza focale della lente
B il raggio di curvatura esterna della lente
C la capacità della lente di adattarsi all'occhio umano
D l'opposto della convergenza della lente

4 **Un raggio luminoso proveniente da un oggetto incide su uno specchio concavo passando per il suo centro di curvatura. Qualunque sia la direzione del raggio incidente, si può affermare che il raggio riflesso:**

A passerà per il centro di curvatura
B passerà per il fuoco principale
C passerà per un punto compreso fra il fuoco principale ed il centro di curvatura
D passerà per un punto compreso fra il fuoco principale ed il vertice dello specchio

5 **Un oggetto luminoso è posto a 50 cm da una lente sottile avente un potere diottrico pari a 4 diottrie. Si può affermare che l'immagine fornita dalla lente sarà:**

A virtuale e diritta
B virtuale e capovolta
C reale e rimpicciolita
D reale e ingrandita
E reale e della stessa grandezza

6 **Un oggetto luminoso è posto davanti a una lente sottile avente un potere diottrico negativo. Si può affermare che l'immagine fornita dalla lente è:**

A virtuale e diritta
B capovolta e ingrandita
C reale e ingrandita
D virtuale e ingrandita
E non si può rispondere al quesito, in quanto non è nota la posizione dell'oggetto e la geometria della lente

**7** **Nella formula dei punti coniugati di una lente sottile: $(1/p) + (1/q) = (1/f)$ il significato dei simboli è:**

A $p$ e $q$ sono le dimensioni dell'oggetto e dell'immagine; $f$ è la distanza focale

B $p$ e $q$ sono gli indici di rifrazione dell'aria e della lente; $f$ è la distanza focale

C $p$ e $q$ sono la distanza dell'oggetto e dell'immagine dal centro ottico della lente; $f$ è la distanza focale

D $p$ e $q$ sono i raggi di curvatura della lente; $f$ è la distanza focale

**8** **Se un corpo si trova a 2 metri da uno specchio piano, a che distanza si trova dalla sua immagine riflessa nello specchio?**

A Un metro

B Due metri

C Quattro metri

D Per rispondere occorre conoscere la distanza focale dello specchio

**9** **Un buon vetro da usare come materia prima per costruire un prisma per uno spettroscopio deve avere un indice di rifrazione:**

A altamente variabile con la lunghezza d'onda delle radiazioni

B approssimativamente uguale a 1

C molto maggiore di 1

D approssimativamente uguale al valore dell'angolo limite

**10** **Un oggetto luminoso è posto a 20 cm da una lente sottile avente distanza focale di 50 cm. Si può affermare che l'immagine fornita dalla lente è:**

A reale e capovolta

B virtuale e diritta

C reale e rimpicciolita

D reale e ingrandita

**11** **Per correggere un difetto visivo si utilizza una lente la cui distanza focale è pari a 50 cm. Le affermazioni:**

**(a) la lente è convergente e l'entità del difetto visivo è pari a 5 diottrie;**

**(b) la lente è divergente e l'entità del difetto visivo è pari a – 2 diottrie;**

**(c) la lente è convergente e l'entità del difetto visivo è pari a 2 diottrie;**

**sono rispettivamente:**

A (a) falsa, (b) vera, (c) falsa

B (a) falsa, (b) falsa, (c) vera

C (a) vera, (b) falsa, (c) falsa

D (a) falsa, (b) falsa, (c) falsa

**12** **Una lente divergente:**

A dà un'immagine reale e rimpicciolita

B dà un'immagine virtuale ingrandita

C ha una distanza focale negativa

D disperde i raggi in tutte le direzioni

**13** **Ponendo un oggetto a 4 m da uno specchio sferico, l'immagine si forma dalla stessa parte dell'oggetto a 2 m dal vertice. Possiamo affermare che:**

A l'immagine è diritta
B l'immagine è ingrandita
C l'immagine è virtuale
D la distanza focale è maggiore di 2 m
E la distanza focale è minore di 2 m

**14** **Un oggetto è posto a una distanza dal piano principale di una lente pari a 3/2 della lunghezza focale. Qual è il fattore di ingrandimento dell'immagine?**

A 3/2
B 2/3
C 5/2
D 2
E 3/5

# SOLUZIONI E COMMENTI

1 La posizione del fuoco di una lente (ossia la sua distanza focale) dipende dall'indice di rifrazione della lente (o meglio, del materiale di cui è costituita). La risposta corretta è la **C**.

2 Il microscopio composto è un apparecchio ottico formato da un obiettivo e da un oculare. Entrambe le lenti creano degli ingrandimenti dell'oggetto.

Il primo, realizzato dall'obiettivo, dà origine a un'immagine reale, capovolta e ingrandita dell'oggetto; il secondo ingrandimento è legato all'oculare che prende l'immagine dell'obiettivo come oggetto. Da questo, si crea un'immagine virtuale dritta e ingrandita. In totale l'oggetto risulta capovolto e ingrandito rispetto all'originale. L'ingrandimento totale è dato dal prodotto dei due singoli ingrandimenti. La risposta esatta è la **B**.

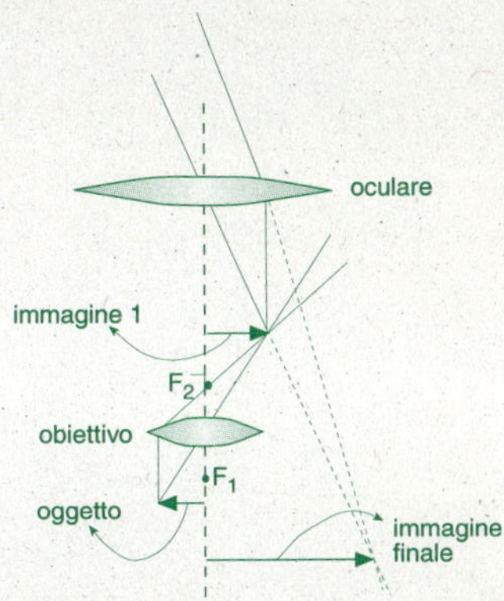


3 Il potere diottrico di una lente (o convergenza della lente) è definito come il reciproco della sua distanza focale (risposta **A**). L'unità di misura è la diottria.

4 Se il raggio incidente passa per il centro di curvatura, incide lo specchio concavo con un angolo di incidenza (rispetto alla tangente) di 90°. Una volta riflesso, il raggio incidente ripercorrerà il cammino fatto per giungere allo specchio (risposta **A**).

5 Essendo il potere diottrico *P* l'inverso della distanza focale, si ricava:

$$P = \frac{1}{f} \quad \rightarrow \quad f = \frac{1}{P} = \frac{1}{4}\ \text{m} = 25\ \text{cm}$$

per cui, applicando la formula dei punti coniugati con $p = 50$ cm, $q$ incognita ed $f = 25$ cm, si ottiene:

$$\frac{1}{50\ \text{cm}} + \frac{1}{q} = \frac{1}{25\ \text{cm}}$$

da cui si ricava:

$$\frac{1}{q} = \frac{1}{25\ \text{cm}} - \frac{1}{50\ \text{cm}} = \frac{2-1}{50\ \text{cm}} = \frac{1}{50\ \text{cm}} > 0 \quad \rightarrow \quad q = 50\ \text{cm} > 0$$

essendo $q$ positivo l'immagine è reale.
Per verificare se l'immagine è ingrandita oppure rimpicciolita si calcola $G$:

$$G = \frac{q}{p} = \frac{50\ \text{cm}}{50\ \text{cm}} = 1$$

Quindi l'immagine ha le stesse dimensioni dell'oggetto. La risposta corretta è la **E**.

6 Il fatto che la lente sottile abbia un potere diottrico negativo indica soltanto che la distanza focale è anch'essa negativa, quindi la lente è divergente. Senza avere ulteriori informazioni su $p$, $q$ ed $f$ non è possibile indicare il tipo di immagine prodotta dalla lente. La risposta corretta è la **E**.

7 Il significato corretto dei simboli illustrato nella figura è contenuto nella risposta **C**.

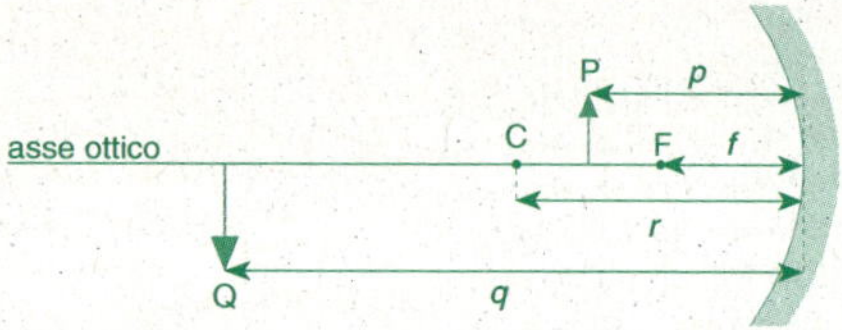


8 In uno specchio piano, l'oggetto e l'immagine si trovano da parti opposte rispetto allo specchio e alla stessa distanza da questo. Un osservatore percepisce quindi la propria immagine come se questa si trovasse a una distanza esattamente doppia rispetto alla distanza a cui si trova lo specchio. La risposta corretta è la **C**.

9 La funzione del prisma in uno spettroscopio è quella di separare le diverse componenti monocromatiche che compongono la radiazione che lo attraversa. Tale separazione è originata dal fatto che l'indice di rifrazione del vetro costituente il prisma è funzione della lunghezza d'onda dell'onda che lo attraversa.

Si comprende dunque che, per la realizzazione di un prisma da spettroscopio, è consigliabile utilizzare del vetro il cui indice di rifrazione è altamente variabile con la lunghezza d'onda (risposta **A**). In tal modo infatti si ottiene una separazione marcata della luce nelle sue componenti monocromatiche.

10 Per capire se l'immagine è reale oppure virtuale si deve verificare il segno di $q$ (distanza fra l'immagine e lo specchio). Si utilizza la formula dei punti coniugati:

$$\frac{1}{p}+\frac{1}{q}=\frac{1}{f}$$

Nel quesito proposto si ha $p = 20$ cm, $q$ incognita ed $f = 50$ cm, per cui:

$$\frac{1}{20\ \text{cm}}+\frac{1}{q}=\frac{1}{50\ \text{cm}} \quad\rightarrow\quad \frac{1}{q}=\frac{1}{50\ \text{cm}}-\frac{1}{20\ \text{cm}}=\frac{2-5}{100\ \text{cm}}=-\frac{3}{100\ \text{cm}}<0$$

per cui:

$$q<0$$

essendo $q$ negativo l'immagine è virtuale.

Per verificare se l'immagine è diritta oppure capovolta si valuta il segno di $G = q/p$ (rapporto di ingrandimento): essendo $p$ positiva e $q$ negativa si ricava $G$ negativo, per cui l'immagine è diritta (risposta **B**).

11 La distanza focale della lente è positiva, per cui la lente è convergente; inoltre tale distanza focale, espressa in metri, è pari a 0,5 metri, per cui il potere diottrico, espresso in diottrie, è pari a + 2 (ossia l'inverso della distanza focale espressa in metri). Soltanto l'affermazione (c) è quindi vera, per cui la risposta corretta è la **B**.

**12** Le lenti divergenti danno immagini virtuali, diritte e rimpicciolite; le risposte **A** e **B** sono quindi sbagliate. Inoltre una lente divergente non disperde i raggi in tutte le direzioni, tanto è vero che i prolungamenti dei raggi rifratti dalla lente si incontrano formando immagini virtuali. Per esclusione, o anche ricordando che per convenzione la distanza focale delle lenti convergenti è positiva, mentre quella delle lenti divergenti è negativa, si perviene alla risposta **C**.

**13** Seguendo la convenzione adottata per gli specchi, $p$ indica la distanza tra il corpo e lo specchio ($p$ = 4m) e $q$ la distanza tra l'immagine e lo specchio ($q$ = 2m). Poiché l'immagine si forma dalla stessa parte dell'oggetto, per convenzione si tratta di un'immagine reale con $q$ positivo, rimpicciolita (l'ingrandimento lineare, che è dato dal rapporto tra $q$ e $p$, è minore di uno) e capovolta. Queste considerazioni escludono le risposte **A**, **B** e **C**.

Dall'equazione dei punti coniugati, si ha che:

$$\frac{1}{p}+\frac{1}{q}=\frac{1}{f}$$

Sostituendo i valori si ottiene:

$$\frac{1}{4\ \text{m}}+\frac{1}{2\ \text{m}}=\frac{1}{f} \quad\rightarrow\quad \frac{3}{4\ \text{m}}=\frac{1}{f} \quad\rightarrow\quad f=\frac{4}{3}\ \text{m}$$

Si nota quindi che la distanza focale è inferiore a 2 m (risposta **E**).

**14** Il fattore di ingrandimento lineare dell'immagine è dato da:

$$G=\frac{q}{p}$$

dove $p$ è la distanza dell'oggetto dalla lente e $q$ è la distanza dell'immagine dalla lente. Nel testo viene specificato che:

$$p=\frac{3}{2}f$$

ma non si dice nulla su $q$.

Per trovare il valore di $q$ è necessario applicare l'equazione dei punti coniugati:

$$\frac{1}{p}+\frac{1}{q}=\frac{1}{f} \quad\rightarrow\quad \frac{1}{q}=\frac{1}{f}-\frac{1}{p}=\frac{1}{f}-\frac{1}{\frac{3}{2}f}=\frac{1}{f}-\frac{2}{3f}=\frac{1}{3f} \quad\rightarrow\quad q=3f$$

Quindi

$$G=\frac{3f}{\frac{3}{2}f}=2$$

Per cui la risposta corretta è la **D**.

# 5 FORMULARIO

## 5.1 GRANDEZZE FISICHE

| Multipli | | | | Sottomultipli | | | |
|---|---|---|---|---|---|---|---|
| tera (T) | $10^{12}$ | giga (G) | $10^{9}$ | deci (d) | $10^{-1}$ | centi (c) | $10^{-2}$ |
| mega (M) | $10^{6}$ | deca | $10^{1}$ | milli (m) | $10^{-3}$ | micro (μ) | $10^{-6}$ |
| etto | $10^{2}$ | chilo (k) | $10^{3}$ | nano (n) | $10^{-9}$ | pico (p) | $10^{-12}$ |

### Vettori

- Somma:

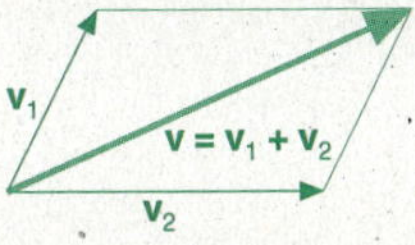


- Differenza:

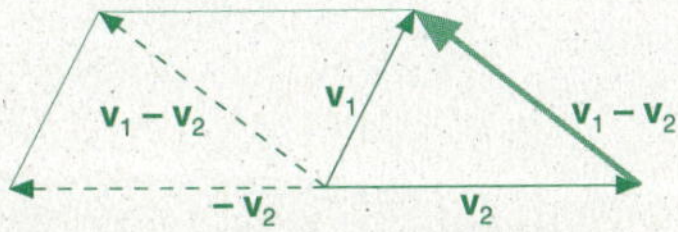


Prodotto scalare: $\mathbf{a} \bullet \mathbf{b} = |\mathbf{a}| \cdot |\mathbf{b}| \cdot \cos\vartheta$

Prodotto vettoriale: $|\mathbf{a} \wedge \mathbf{b}| = |\mathbf{a}| \cdot |\mathbf{b}| \cdot \text{sen}\,\vartheta$

### Errori di misura

- Media aritmetica: $M = \dfrac{x_1 + x_2 + \ldots + x_n}{n}$
- Errore assoluto: $\varepsilon = \dfrac{x_{\text{max}} - x_{\text{min}}}{2}$
- Errore relativo: $\varepsilon_r = \dfrac{\varepsilon}{M}$
- Errore percentuale: $\eta = 100 \cdot \dfrac{\varepsilon}{M} = 100 \cdot \varepsilon_r$

### Calcolo dell'errore nelle misure indirette

- L'errore **percentuale** su un **prodotto** o su un **quoziente** di più misure è uguale alla somma degli errori **percentuali** delle singole misure.
- L'errore **assoluto** su una **somma** o una **differenza** di più misure è uguale alla somma degli errori **assoluti** delle singole misure.

**Grandezze direttamente proporzionali:** $y = k \cdot x$

**Grandezze inversamente proporzionali:** $y = k/x$

## 5.2 CINEMATICA

### Velocità

- Velocità media: $\mathbf{v} = \dfrac{\mathbf{s}_2 - \mathbf{s}_1}{t_2 - t_1} = \dfrac{\Delta \mathbf{s}}{\Delta t}$

- Velocità istantanea: $\mathbf{v}_{ist} = \lim\limits_{t_2 \to t_1} \dfrac{\mathbf{s}_2 - \mathbf{s}_1}{t_2 - t_1}$

### Conversioni per la velocità:

- Per passare da km/h a m/s si moltiplica per $\dfrac{1000}{3600} = \dfrac{10}{36} = \dfrac{1}{3{,}6}$
- Per passare da m/s a km/h si moltiplica per 3,6

### Accelerazione

- Accelerazione media: $\mathbf{a} = \dfrac{\mathbf{v}_2 - \mathbf{v}_1}{t_2 - t_1} = \dfrac{\Delta \mathbf{v}}{\Delta t}$

- Accelerazione istantanea: $\mathbf{a}_{ist} = \lim\limits_{t_2 \to t_1} \dfrac{\mathbf{v}_2 - \mathbf{v}_1}{t_2 - t_1}$

### Moto rettilineo uniforme

$$\mathbf{v}_{media} = \mathbf{v}_{istantanea} = \frac{\text{spazio percorso}}{\text{tempo impiegato a percorrerlo}} = \frac{\Delta \mathbf{s}}{\Delta t}$$

### Moto rettilineo uniformemente accelerato

- Velocità raggiunta dopo avere accelerato per un tempo $t$: $\mathbf{v} = \mathbf{v}_0 + \mathbf{a} \cdot t$

- Spazio percorso dopo un tempo $t$: $\mathbf{s} = \mathbf{s}_0 + \mathbf{v}_0 \cdot t + \dfrac{1}{2}\mathbf{a} \cdot t^2$

- Accelerazione che ha portato la velocità da $v_0$ a $v_f$ in un tempo $t$: $\mathbf{a} = \dfrac{\mathbf{v}_f - \mathbf{v}_0}{t}$

- Velocità finale raggiunta dopo avere percorso uno spazio $\Delta s$: $v_f = \sqrt{v_0^2 + 2a \cdot \Delta s}$

- Accelerazione che ha portato la velocità da $v_0$ a $v_f$ in uno spazio $\Delta s$: $a = \dfrac{1}{2} \cdot \dfrac{v_f^2 - v_0^2}{\Delta s}$

### Moto di caduta dei gravi

- Accelerazione gravitazionale: $a = g = 9{,}8 \text{ m/s}^2$
- Spazio percorso in verticale da un oggetto in caduta libera: $h = h_0 + v_0 \cdot t + \dfrac{1}{2} g \cdot t^2$
- Corpo lasciato cadere da un'altezza $h$ con velocità iniziale nulla:

  tempo di caduta $= t_c = \sqrt{\dfrac{2h}{g}}$ velocità finale $= v_f = \sqrt{2gh}$

- Corpo lanciato verso l'alto con velocità iniziale $v$:

  massima altezza raggiunta $= h = \frac{v^2}{2g}$

  tempo necessario per raggiungere la massima altezza $= t_h = \frac{v}{g}$

### Moto circolare uniforme

- $v = \frac{2\pi r}{T}$ = costante dove $r$ = raggio di curvatura, T = periodo
- Velocità angolare: $\omega = \frac{\Delta\theta}{\Delta t}$
- Accelerazione centripeta: $a_c = \frac{v^2}{r} = \omega^2 \cdot r$ sempre diretta verso il centro della curva

Valgono le relazioni: $T = \frac{1}{\nu}$ $\quad v = \omega \cdot r$ $\quad \omega = \frac{v}{r}$ $\quad$ dove $\nu$ = frequenza

## 5.3 DINAMICA

### Prima legge della dinamica

Un corpo su cui non agisce alcuna forza o sul quale agiscono forze in equilibrio mantiene il suo stato di moto (rettilineo uniforme) o di quiete

### Seconda legge della dinamica: $\mathbf{F} = m \cdot \mathbf{a}$

### Terza legge della dinamica o principio di azione e reazione

A ogni azione corrisponde una reazione uguale e opposta: $\mathbf{F}_{1 \to 2} = -\mathbf{F}_{2 \to 1}$

**Quantità di moto**: $\mathbf{P} = m \cdot \mathbf{v}$

**Teorema dell'impulso**: $\mathbf{F} = m \cdot \mathbf{a} = m \cdot \frac{\Delta \mathbf{v}}{\Delta t} = \frac{\Delta(m \cdot \mathbf{v})}{\Delta t} = \frac{\Delta \mathbf{P}}{\Delta t} \Rightarrow \mathbf{F} \cdot \Delta t = \Delta \mathbf{P}$

### Principio di conservazione della quantità di moto

La quantità di moto totale di un sistema isolato è costante:

$$\mathbf{P} = \sum \mathbf{P}_i = \sum m_i \cdot \mathbf{v}_i = \text{costante}$$

### Legge di gravitazione universale:

$$F = G \cdot \frac{m \cdot M}{r^2} \text{ con } G = 6,67 \cdot 10^{-11} \frac{N \cdot m^2}{Kg^2}$$

**Forza peso:** $\mathbf{P} = m \cdot \mathbf{g}$

**Densità:** $\rho = \frac{m}{V}$

**Peso specifico:** $p = \frac{m \cdot g}{V}$

## Moto dei proiettili

- Moto lungo i due assi: $x = v_x \cdot t$ ; $y = v_y \cdot t + \frac{1}{2} g \cdot t^2$
- Moto totale: $y = v_y \cdot \frac{x}{v_x} + \frac{1}{2} g \cdot \frac{x^2}{v_x^2}$
- Gittata: $G = \frac{v_0^2}{g} \cdot \text{sen } 2\alpha$

## Momenti

- Momento di una forza F: $\tau = \mathbf{r} \wedge \mathbf{F} \Rightarrow |\tau| = r \cdot \text{sen}\theta \cdot F = b \cdot F$ dove $b$ = braccio
- Momento di una coppia di forze: $\tau = \mathbf{d} \wedge \mathbf{F} \Rightarrow |\tau| = F \cdot b$ dove $b$ = braccio
- Momento angolare: $\mathbf{L} = \mathbf{r} \wedge \mathbf{P} = m \cdot \mathbf{r} \wedge \mathbf{v}$

Nel moto circolare si ha: $L = m \cdot v \cdot r = m \cdot r^2 \cdot \omega = I \cdot \omega$ con $I$ = momento d'inerzia

## Equazioni fondamentali della statica

$$\mathbf{R} = \sum \mathbf{F}_i = 0 \qquad \qquad \tau = \sum \tau_i = 0$$

## Macchine

- Vantaggio statico di una macchina: $V = \frac{|\mathbf{F}_r|}{|\mathbf{F}_m|}$
- Condizione di equilibrio per le leve: $F_m : F_r = b_r : b_m$

## Forza d'attrito

$|\mathbf{F}_f| = f \cdot |\mathbf{N}|$ dove $f = \begin{cases} f_s\text{: coefficiente di attrito statico} \\ f_k\text{: coefficiente di attrito dinamico} \end{cases}$

$\mathbf{N}$ = componente della forza peso ortogonale al piano

**Forza di attrito nei fluidi:** $\mathbf{F}_f = -k\eta\mathbf{v}$ con $\eta$ = viscosità e $\mathbf{v}$ = velocità del corpo

per un corpo sferico $\mathbf{F}_f = -6\pi\eta R\mathbf{v}$ (legge di Stokes)

## Principali grandezze fisiche caratteristiche del moto oscillatorio di una molla e di un pendolo.

| | Molla | Pendolo | | Molla | Pendolo |
|---|---|---|---|---|---|
| Costante del moto | k | $\frac{mg}{l}$ | Periodo T | $2\pi \cdot \sqrt{\frac{m}{k}}$ | $2\pi \cdot \sqrt{\frac{l}{g}}$ |
| Pulsazione $\omega = 2\pi\nu$ | $\sqrt{\frac{k}{m}}$ | $\sqrt{\frac{g}{l}}$ | Frequenza $\nu$ | $\frac{1}{2\pi} \cdot \sqrt{\frac{k}{m}}$ | $\frac{1}{2\pi} \cdot \sqrt{\frac{g}{l}}$ |

## 5.4 LAVORO ED ENERGIA

**Lavoro di una forza:** $L = \mathbf{F} \bullet \mathbf{s} = |\mathbf{F}| \cdot |\mathbf{s}| \cdot \cos\alpha$

$$|\mathbf{F}| = 0 \Rightarrow L = 0$$
$$|\mathbf{s}| = 0 \Rightarrow L = 0$$
$$\mathbf{F} \perp \mathbf{s} \Rightarrow L = 0$$

**Potenza di una forza:** $P_m = \dfrac{L}{\Delta t}$

$$P = \frac{L}{\Delta t} = \mathbf{F} \bullet \frac{\Delta \mathbf{s}}{\Delta t} = \mathbf{F} \bullet \mathbf{v}$$

$1 \text{ kWh} = 3,6 \cdot 10^6 \text{ J}$

$1 \text{ CV} = 75 \text{ kg}_{peso} \cdot 1 \text{ m/s} = 735,499 \text{ W}$

### Energia

- **Energia cinetica:** $E_k = \dfrac{1}{2}mv^2$

  **Teorema dell'energia cinetica:** $\Delta E_k = E_{k,2} - E_{k,1} = L$

- **Energia potenziale gravitazionale:** $E_P = m \cdot g \cdot h$

  **Teorema di conservazione dell'energia:** $E_{tot} = \dfrac{1}{2}mv^2 + mgh = \text{costante}$

- **Energia potenziale elastica:** $E_e = \dfrac{1}{2}kx^2$

  **Forza elastica:** $F_e = -k \cdot x$

### Urti

- **Urto centrale elastico:** $\begin{cases} m_1\mathbf{v}_1 + m_2\mathbf{v}_2 = m_1\mathbf{v'}_1 + m_2\mathbf{v'}_2 \\ \frac{1}{2}m_1v_1^2 + \frac{1}{2}m_2v_2^2 = \frac{1}{2}m_1v'^2_1 + \frac{1}{2}m_2v'^2_2 \end{cases}$

  dove 1 e 2 indicano i corpi che si urtano

- **Urto anelastico:** $m_1\mathbf{v}_1 + m_2\mathbf{v}_2 = m_1\mathbf{v'}_1 + m_2\mathbf{v'}_2$ (l'energia cinetica non si conserva)

- **Urto perfettamente anelastico:** $m_1\mathbf{v}_1 + m_2\mathbf{v}_2 = (m_1 + m_2)\mathbf{v'} \Rightarrow \mathbf{v'} = \dfrac{m_1\mathbf{v}_1 + m_2\mathbf{v}_2}{m_1 + m_2}$

### Campo gravitazionale

- **Legge di gravitazione universale:** $F = \text{G} \cdot \dfrac{m \cdot M}{r^2}$ con $\text{G} = 6,67 \cdot 10^{-11} \dfrac{\text{N} \cdot \text{m}^2}{\text{Kg}^2}$

- **Intensità del campo gravitazionale:** $G = \dfrac{|\mathbf{F}|}{m} = \text{G} \cdot \dfrac{M}{r^2}$

- **Velocità di rotazione di un satellite intorno alla Terra:** $v = \sqrt{\dfrac{G \cdot M_T}{r}}$

  con $M_T$ = massa della Terra;

  $r$ = distanza del satellite dal centro della Terra.

- **Velocità di fuga**: $v_{\text{fuga}} = \sqrt{2G\dfrac{M_T}{r_T}}$

- **Velocità necessaria per uscire dall'attrazione terrestre:** $v_{\text{fuga, T}} = 11\dfrac{\text{km}}{\text{s}}$

- **Periodo di rotazione di un satellite intorno alla Terra**: $T = \dfrac{2\pi r}{v} = 2\pi\sqrt{\dfrac{r^3}{G \cdot M_T}}$

  con $\begin{cases} m = \text{massa satellite} & r = \text{distanza satellite-Terra} \\ M_T = \text{massa Terra} & r_T = \text{raggio della Terra} \end{cases}$

## Moti relativi:

- Sistema O' in moto rettilineo uniforme: $\begin{cases} \mathbf{v}' = \mathbf{v} - \mathbf{v}_{tr} \\ \mathbf{a}' = \mathbf{a} \\ \mathbf{F}' = \mathbf{F} \end{cases}$

- Sistema O' in moto rettilineo accelerato: $\begin{cases} \mathbf{a}' = \mathbf{a} - \mathbf{a}_{tr} \\ \mathbf{F}' = \mathbf{F} - \mathbf{F}_{tr} \end{cases}$

- Sistema O' in moto roto-traslatorio: $\begin{cases} \mathbf{a}' = \mathbf{a} - \mathbf{a}_{tr} - \mathbf{a}_{Co} \\ \mathbf{F}' = \mathbf{F} - \mathbf{F}_{tr} - \mathbf{F}_{Co} \end{cases}$

Fattore di Lorentz per sistemi in moto con velocità $v$ elevate: $\dfrac{1}{\sqrt{1 - v^2/c^2}}$

# 5.5 MECCANICA DEI FLUIDI

## Pressione di un fluido: $P = \dfrac{F}{S}$

$$1 \text{ Pa} = 1\ \frac{\text{N}}{\text{m}^2}\ ;\ 1 \text{ baria} = 1\ \frac{\text{dina}}{\text{cm}^2}\ ;\ 1 \text{ Pa} = 10 \text{ barie}$$

$$1 \text{ bar} = 10^6 \text{ barie}\ ;\ 1 \text{ millibar} = 10^{-3} \text{ bar}$$

$$1 \text{ atm} = 101.325 \text{ Pa} = 1013 \text{ millibar} = 760 \text{ mmHg}$$

- **Legge di Pascal:** in un fluido la pressione si trasmette in tutti i punti e in tutte le direzioni, e le forze di pressione agiscono perpendicolarmente alle superfici dei corpi indipendentemente da come queste sono orientate.

- **Legge di Stevino:** la pressione idrostatica o aerostatica (pressione dovuta al solo peso del fluido) è proporzionale alla profondità *h*:

$$\mathbf{P} = \rho \cdot \mathbf{g} \cdot h$$

dove $\rho$ è la densità del fluido e $\mathbf{g}$ è l'accelerazione gravitazionale.

Nell'acqua di mare, la pressione idrostatica aumenta di una atmosfera ogni 10 m.

- **Principio dei vasi comunicanti:** se si hanno più contenitori aventi forme diverse tra loro comunicanti, e si versa del fluido nel primo, tutti i contenitori si riempiono di liquido fino alla stessa altezza.
- **Legge di Archimede:** un corpo immerso in un fluido riceve una spinta dal basso verso l'alto di intensità pari al peso del fluido spostato.

Peso di un corpo: $\rho \cdot \mathbf{g} \cdot V$

Peso di una quantità di fluido di volume $V$ = spinta di Archimede = $\rho_{fluido} \cdot \mathbf{g} \cdot V$

Forza totale agente sul corpo: $\rho \cdot \mathbf{g} \cdot V - \rho_{fluido} \cdot \mathbf{g} \cdot V$

## Fluidodinamica

- **Portata di un condotto:** quantità di fluido che attraversa la superficie del condotto in un secondo. Vale la relazione $Q = S \cdot v$
- **Equazione di continuità:** $Q_1 = Q_2 \Rightarrow S_1 \cdot v_1 = S_2 \cdot v_2 \Rightarrow \frac{S_1}{S_2} = \frac{v_2}{v_1}$
- **Teorema di Bernoulli:** in un condotto, la somma delle altezze piezometriche, geometriche e cinetiche è costante.

$$P_1 + \rho g h_1 + \frac{1}{2}\rho v_1^2 = P_2 + \rho g h_2 + \frac{1}{2}\rho v_2^2 = \text{cost.} \Rightarrow \frac{P}{\rho g} + h + \frac{v^2}{2g} = \text{cost.}$$

Se in un condotto la sezione diminuisce, la velocità aumenta (teorema di continuità) e la pressione diminuisce (teorema di Bernoulli).

- **Teorema di Torricelli:** $v = \sqrt{2gh}$ = velocità di efflusso
- **Viscosità:** un oggetto con superficie d'appoggio A, che si muove con velocità *v* a un'altezza *h* dalla base di un contenitore subisce una resistenza da parte del fluido pari a:

$$|\mathbf{F}| = -\eta \frac{A \cdot v}{h} \qquad \eta \text{ si misura in decapoise}$$

- **Tensione superficiale:** $\tau = \frac{L}{S}$
- **Formula di Poiseuille:** la portata di un condotto di lunghezza *l* e raggio *r* alle cui estremità è applicata una differenza di pressione $\Delta P$ è pari a: $Q = \frac{\pi r^4 \Delta P}{8 \eta l}$

Valore della viscosità tramite la formula di Poiseuille: $\eta = \frac{\pi r^4 \Delta P}{8 Q l}$

- **Legge di Stokes:** $\mathbf{F} = -6\pi\eta r\mathbf{v}$

## 5.6 TERMOLOGIA E GAS PERFETTI

- **Sistema isolato:** non scambia né materia né energia con l'ambiente.
- **Sistema chiuso:** scambia energia ma non materia con l'ambiente.
- **Sistema aperto:** scambia materia ed energia con l'ambiente.

**Temperatura:**
- scala Celsius o centigrada: $0°C \rightarrow 100°C$
- scala Fahreneit: $32°F \rightarrow 212°F$
- scala Kelvin o assoluta: $273K \rightarrow 373K$

Conversioni tra le scale: $T_F = 9/5\ T_C + 32$; $T_K = T_C + 273{,}16$; $T_F = 9/5\ T_K - 459{,}6$

**Dilatazioni termiche:** $V_t = V_0 \cdot (1 + k \cdot t)$ con $t$ in gradi Celsius

Nei gas $k = \alpha = \frac{1}{273,15} °C^{-1}$

**Condizioni normali:**
$$\begin{cases} T = 0°C = 273,16\ K \\ P = 1\ atm = 760\ mmHg \end{cases}$$

**Condizioni standard:**
$$\begin{cases} T = 25°C = 298,16\ K \\ P = 1\ atm = 760\ mmHg \end{cases}$$

### Leggi dei gas

- **Legge di Boyle (T costante):** $PV = costante$
- **Legge di Charles (P costante):** $V_t = V_0\,(1 + \alpha\, t)$ con $t$ in Celsius;

  $V_T = \alpha \cdot V_0 \cdot T$ con $T$ in Kelvin
- **Legge di Gay-Lussac (V costante):** $P_t = P_0\,(1 + \alpha\, t)$ con $t$ in Celsius;

  $P_T = \alpha \cdot P_0 \cdot T$ con $T$ in Kelvin
- **Legge di Avogadro:** in condizioni normali una mole di qualunque gas occupa un volume di 22,4 litri e contiene $6{,}022 \cdot 10^{23}$ molecole (numero di Avogadro).
- **Legge di Dalton:** $P = P_1 + P_2 + \ldots + P_q$ con: $P_1 = P \cdot \frac{n_1}{n} \ldots P_q = P \cdot \frac{n_q}{n}$

### Equazione di stato dei gas perfetti: $PV = nRT$

Costante di stato dei gas perfetti: $R = 8,318 \frac{J}{K \cdot mole} = 0,082 \frac{litri \cdot atm}{K \cdot mole}$

### Equazione di stato dei gas reali: $\left(P + \frac{an^2}{V^2}\right) \cdot (V - nb) = nRT$

A differenza dei gas ideali, i gas reali sottoposti a pressioni elevate possono liquefare.

### Teoria cinetica dei gas: $\overline{E}_k = \frac{1}{2} m\overline{v^2} = \frac{3}{2} KT$ con $K = R/N_A = 1,38 \cdot 10^{-23} J/K$

**Passaggi di stato**

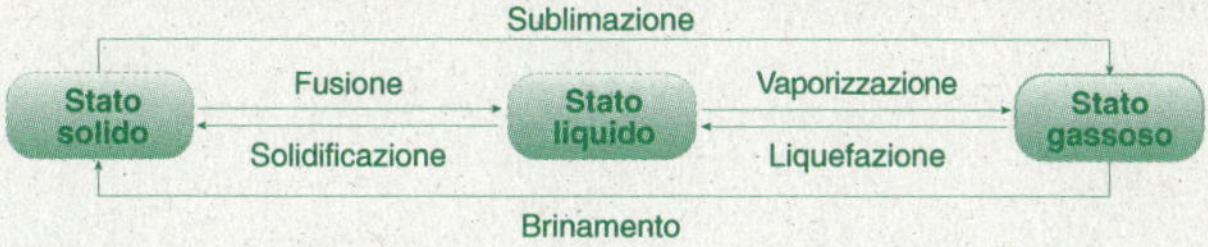


- A parità di pressione, ogni sostanza subisce i propri cambiamenti di stato sempre alle stesse temperature.
- Durante il passaggio di stato, la temperatura si mantiene costante.
- Ogni sostanza per cambiare il proprio stato ha bisogno di una ben precisa quantità di calore per unità di massa, detta **calore latente** del cambiamento di stato.
- Il calore acquistato o ceduto da una massa $m$ di una sostanza perché cambi il suo stato di aggregazione è pari a $Q = m \cdot \lambda$ dove $\lambda$ è il calore latente del cambiamento di stato.
- Il **punto di ebollizione** di un liquido è la temperatura alla quale la tensione di vapore del liquido è pari al valore della pressione della fase gassosa che sovrasta il liquido.

## 5.7 TERMODINAMICA

**Capacità termica:** $C = \frac{\Delta Q}{\Delta T}$

**Calore specifico**: $c = \frac{\Delta Q}{m \cdot \Delta T}$

dove $\Delta Q$ = calore scambiato; $\Delta T$ = variazione di temperatura; $m$ = massa del corpo

$$C = c \cdot m \qquad \Delta Q = c \cdot m \cdot \Delta T \qquad \Delta Q = C \cdot \Delta T$$

Calore specifico dell'acqua: $c_{H_2O} = 1 \text{ cal} \cdot \text{g}^{-1} \cdot {}^\circ\text{C}^{-1}$

Calore specifico del ghiaccio: $c_{ghiaccio} = 0,5 \text{ cal} \cdot \text{g}^{-1} \cdot {}^\circ\text{C}^{-1}$

**Una caloria** (1 cal) è l'energia necessaria per innalzare di un grado centigrado la temperatura di un grammo di $H_2O$ (da 14,5 °C a 15,5 °C).

**Equivalente meccanico della caloria:** $\frac{L}{Q} = \text{cost.} = \mathbf{J} = 4,186 \frac{\text{joule}}{\text{cal}} \Rightarrow 1 \text{ cal} = 4,186 \text{ J}$

### Scambi di calore

- Calore ceduto o assorbito da un primo corpo: $\Delta Q = m_1 \cdot c_1 \cdot (T_1 - T_e)$
- Calore ceduto o assorbito da un secondo corpo: $\Delta Q = m_2 \cdot c_2 \cdot (T_e - T_2)$

  dove $T_e$ è la temperatura di equilibrio.
- All'equilibrio $m_1 \cdot c_1 \cdot (T_1 - T_e) = m_2 \cdot c_2 \cdot (T_e - T_2)$

  Se la natura degli oggetti è la stessa, $c_1 = c_2 \Rightarrow T_e = \frac{T_1 \cdot m_1 + T_2 \cdot m_2}{m_1 + m_2}$

  Se la natura degli oggetti è diversa, $c_1 \neq c_2 \Rightarrow T_e = \frac{T_1 \cdot m_1 \cdot c_1 + T_2 \cdot m_2 \cdot c_2}{m_1 \cdot c_1 + m_2 \cdot c_2}$

## Calcolo della massa equivalente di un calorimetro:

$$M_{EQ} = \frac{m \cdot c \cdot (T_c - T_e)}{c_{H_2O} \cdot (T_e - T_{H_2O})} - m_{H_2O}$$

dove
- $m_{H_2O}$ = massa dell'acqua già presente
- $m$ = massa del corpo con calore specifico $c$ noto
- $T_{H_2O}$ e $T_c$ = rispettive temperature
- $T_e$ = temperatura di equilibrio

## Calcolo del calore specifico di un corpo tramite un calorimetro:

$$(m_{H_2O} + M_{EQ}) \cdot c_{H_2O} \cdot (T_e - T_{H_2O}) = m \cdot c \cdot (T_c - T_e)$$

da cui $c = \dfrac{(m_{H_2O} + M_{EQ}) \cdot c_{H_2O} \cdot (T_e - T_{H_2O})}{m \cdot (T_c - T_e)}$

dove
- $M_{EQ}$ = equivalente in acqua
- $m_{H_2O}$ = massa dell'acqua già presente
- $m$ = massa del corpo immerso
- $T_{H_2O}$ e $T_c$ = rispettive temperature
- $T_e$ = temperatura di equilibrio

## Calore specifico dei gas

Calore specifico molare $c = \dfrac{\Delta Q}{n \cdot \Delta T}$

- $c_V \xrightarrow{def}$ calore specifico a *volume costante*
- $c_P \xrightarrow{def}$ calore specifico a pressione costante

**Gas perfetti monoatomici**: $c_V = \frac{3}{2}R$ $\quad c_P = \frac{5}{2}R$

**Gas perfetti biatomici**: $c_V = \frac{5}{2}R$ $\quad c_P = \frac{7}{2}R$

## Convenzioni di segno per gli scambi di energia fra sistema e ambiente

**Calore:** si assume positivo se acquistato dal sistema e negativo se ceduto dal sistema all'ambiente.

**Lavoro**: si assume negativo se acquistato dal sistema e positivo se ceduto dal sistema all'ambiente.

## Primo principio della termodinamica: $\Delta U = Q - L$

dove
- $U$ = energia interna del sistema; è una funzione di stato
- $Q$ = calore scambiato tra sistema e ambiente; non è una funzione di stato
- $L$ = lavoro scambiato tra ambiente e sistema; non è una funzione di stato

## Energia interna U di un gas perfetto: $\Delta U = n \cdot c_V \cdot \Delta T$

| Trasformazione **isoterma** | Trasformazione **isobara** |
|---|---|
| $T$ = costante $\quad P \cdot V$ = costante | $P$ = costante |
| $L = n \cdot R \cdot T \cdot \ln \frac{V_2}{V_1}$ | $V/T$ = costante |
| $\Delta U = 0$ | $L = P \cdot (V_2 - V_1) = n \cdot R \cdot (T_2 - T_1)$ |
| $Q = P \cdot \Delta V = n \cdot R \cdot T \cdot \ln \frac{V_2}{V_1}$ | $\Delta U = n \cdot c_V \cdot (T_2 - T_1)$ |
| | $Q = n \cdot c_P \cdot (T_2 - T_1)$ |

| Trasformazione **isocora** | Trasformazione **adiabatica** |
|---|---|
| $V$ = costante | $\Delta Q = 0$ |
| $P/T$ = costante | $P \cdot V^{\gamma}$ = costante dove $\gamma = \frac{c_P}{c_V}$ |
| $L = 0$ | $\Delta U = n \cdot c_V \cdot (T_2 - T_1)$ |
| $\Delta U = n \cdot c_V \cdot (T_2 - T_1)$ | $L = n \cdot c_V \cdot (T_1 - T_2)$ |
| $Q = n \cdot c_V \cdot (T_2 - T_1)$ | |

Trasformazione **ciclica**: è una trasformazione in cui lo stato di arrivo coincide con quello di partenza: $\Delta U = 0 \Rightarrow L = Q$

## Macchine termiche

- **Rendimento di una macchina termica:** $\eta = \frac{L}{Q}$

  Se la macchina lavora con due sorgenti di calore $Q_c$ e $Q_f$: $\eta = \frac{L}{Q} = \frac{Q_c - Q_f}{Q_c} = 1 - \frac{Q_f}{Q_c}$

- **Ciclo di Carnot:** ciclo costituito da due isoterme e due adiabatiche:

$$\frac{T_f}{T_c} = \frac{Q_f}{Q_c} \Rightarrow \eta = 1 - \frac{Q_f}{Q_c} = 1 - \frac{T_f}{T_c}$$

## Teorema di Carnot:

- tutti i cicli di Carnot compiuti tra due sorgenti alle temperature $T_1$ e $T_2$ hanno lo stesso rendimento;
- a ogni ciclo irreversibile seguito da una macchina termica che lavora tra due sorgenti corrisponde un rendimento inferiore a quello che si avrebbe se il ciclo fosse reversibile.

In un ciclo di Carnot: $\begin{cases} \dfrac{Q_1}{T_1} + \dfrac{Q_2}{T_2} = 0 \text{ trasformazione reversibile} \\ \dfrac{Q_1}{T_1} + \dfrac{Q_2}{T_2} < 0 \text{ trasformazione irreversibile} \end{cases}$

In generale si ha $\sum \frac{Q_i}{T_i} \leq 0$ detta **disuguaglianza di Clausius**

## Secondo principio della termodinamica

- **Enunciato secondo Kelvin:** è impossibile far compiere a una macchina termica una trasformazione il cui unico risultato sia quello di trasformare integralmente in lavoro il calore assorbito da una sola sorgente. Dunque $\eta < 1$ (il primo principio vieta solo che il rendimento sia > 1).
- **Enunciato secondo Clausius:** il calore passa spontaneamente dai corpi caldi ai corpi freddi.
- **Terzo enunciato:** in un sistema isolato ogni trasformazione spontanea (irreversibile) comporta un aumento di entropia.

# 5.8 ONDE

- **Onde trasversali:** la direzione di vibrazione è perpendicolare alla direzione di propagazione dell'onda.
- **Onde longitudinali:** la direzione di vibrazione è parallela alla direzione di propagazione dell'onda.

$$\left.\begin{aligned} T &= \frac{1}{\nu} \\ v &= \frac{\lambda}{T} \end{aligned}\right\} \Rightarrow v = \nu \cdot \lambda$$

**Periodo T:** tempo necessario a compiere un'oscillazione completa
**Lunghezza d'onda** $\lambda$**:** distanza fra due fronti d'onda contigui in concordanza di fase
**Frequenza** $\nu$**:** numero di oscillazioni al secondo (si misura in Hz)
**Velocità v:** è la velocità con cui si propaga l'energia dell'onda (si misura in m/s)

## Equazione dell'oscillatore armonico

$$x(t) = A\text{sen}(\omega \cdot t + \varphi)$$

dove $A$ = ampiezza, $\omega$ = pulsazione = $2\pi / T = 2\pi \cdot \nu$, $\varphi$ = fase iniziale

## Leggi della riflessione

- Il raggio incidente, il raggio riflesso e la normale alla superficie giacciono sullo stesso piano;
- L'angolo di incidenza è uguale all'angolo di riflessione.

## Leggi della rifrazione

- Il raggio incidente, il raggio rifratto e la normale alla superficie sono complanari

$$\frac{\text{sen}\, i}{\text{sen}\, r} = \text{costante} = n_{1,2}$$

dove $n_{1,2}$ è detto *indice di rifrazione relativo* del mezzo 2 rispetto al mezzo 1 (legge di Snell)

$$n_{1,2} = \frac{n_2}{n_1}$$

dove $n_1$ e $n_2$ sono gli *indici di rifrazione assoluti*, definiti come indici di rifrazione del mezzo rispetto al vuoto, per il quale l'indice di rifrazione vale per convenzione 1.

$$n_{1,2} = \frac{n_2}{n_1} = \frac{v_1}{v_2} \Rightarrow \frac{v_1}{v_2} = \frac{\text{sen}\, i}{\text{sen}\, r_2}$$

**Riflessione totale:** $\text{sen}\,\vartheta_{rt} = \frac{n_2}{n_1}$

## Interferenza

- **Interferenza costruttiva**: $|x_1 - x_2| = 2k \cdot \frac{\lambda}{2}$ con k = 0, 1, 2...
- **Interferenza distruttiva:** $|x_1 - x_2| = (2k + 1) \cdot \frac{\lambda}{2}$

## Battimenti:

- Frequenza dell'onda risultante $\nu = \frac{\nu_1 + \nu_2}{2}$
- Frequenza dell'inviluppo $\nu = |\nu_1 - \nu_2|$

## Suono

- **Velocità del suono nell'aria:** 340 m/s
- **Effetto Doppler**:

Ascoltatore fermo, sorgente in avvicinamento: $\nu_1 = \nu \cdot \frac{v}{v - v_1}$

Ascoltatore fermo, sorgente in allontanamento: $\nu_1 = \nu \cdot \frac{v}{v + v_1}$

Sorgente fissa, ascoltatore in avvicinamento: $\nu_1 = \nu \cdot \left(1 + \frac{v_1}{v}\right)$

Sorgente fissa, ascoltatore in allontanamento: $\nu_1 = \nu \cdot \left(1 - \frac{v_1}{v}\right)$

dove
- $\nu$ = frequenza sorgente
- $\nu_1$ = frequenza ascoltatore
- $v$ = velocità dell'onda
- $v_1$ = velocità sorgente-ascoltatore

## Luce

- **Velocità della luce nel vuoto:** 300 000 km/s
- **Intensità luminosa *I*:** energia emessa in un secondo (si misura in candele)
- **Flusso luminoso $\Phi$:** $\Phi = I \cdot \omega$ (si misura in lumen)
- **Luminanza *L*:** $L = I / A$ (si misura in nit)
- **Intensità di illuminazione *E*:** $E = \Phi / A$ (si misura in lux)
- **Legge di Lambert:** $E = I / d^2$
- **Legge dei quadrati delle distanze:** $I_1 / I_2 = d_1^2 / d_2^2$

# 5.9 OTTICA GEOMETRICA

## Specchi

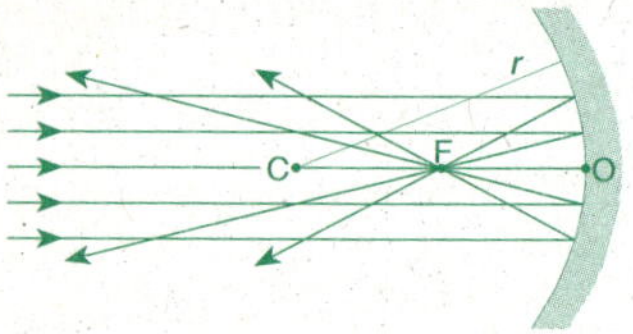


(a) specchio concavo

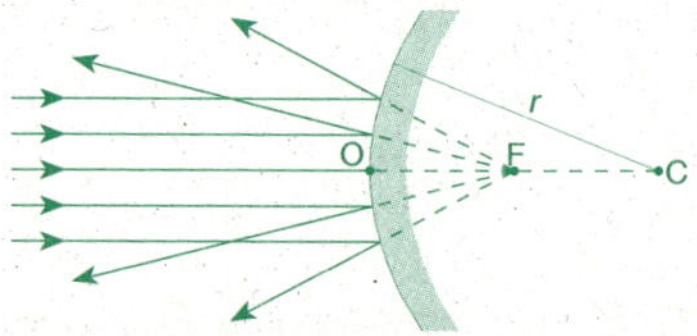


(b) specchio convesso

- **Centro ottico:** è il centro della sfera di cui lo specchio è parte.
- **Vertice:** punto centrale della calotta sferica.
- **Asse ottico principale:** è la retta passante per il centro e il vertice.
- **Assi ottici secondari:** sono le infinite rette passanti per il centro e qualunque punto dello specchio.
- **Raggio di curvatura:** è il raggio della sfera.
- **Angolo di apertura:** è l'angolo compreso tra i due raggi passanti per il centro ottico e per gli estremi dello specchio.
- **Fuoco principale:** è il punto dell'asse ottico principale in cui viene riflesso un fascio di raggi paralleli all'asse stesso.
- **Distanza focale *f*:** è la distanza tra il fuoco e lo specchio.
- **Raggio di curvatura r:** distanza fra il centro ottico e lo specchio; si ha che $r = 2 \cdot f$
- ***p*:** distanza fra l'oggetto e lo specchio.
- ***q*:** distanza fra l'immagine e lo specchio.

## Formula dei punti coniugati: $\frac{1}{p} + \frac{1}{q} = \frac{2}{r} = \frac{1}{f}$

## Convenzioni sui segni di *p*, *q* e *f*

- *q positivo* ⇒ l'immagine è *reale* (si trova di fronte allo specchio)
- *q negativo* ⇒ l'immagine è *virtuale* (si trova dietro lo specchio)
    - Specchi concavi ⇒ *f* positivo
    - Specchi convessi ⇒ *f* negativo
- *q positivo* ⇒ l'immagine è *capovolta*
- *q negativo* ⇒ l'immagine è *diritta*

**Ingrandimento lineare:** $G = \frac{r-q}{p-r} = \frac{q}{p}$ $\quad G = \frac{q}{p} = \frac{r-q}{p-r} = \frac{2f-q}{p-2f} = \frac{f}{p-f}$

- Immagine *reale* ⇒ $q$ positivo ⇒ $G$ positivo e immagine capovolta
- Immagine *virtuale* ⇒ $q$ negativo ⇒ $G$ negativo e immagine diritta
    - Se $G < 1$ ⇒ l'immagine è più piccola dell'oggetto
    - Se $G > 1$ ⇒ l'immagine è più grande dell'oggetto
    - Se $G = 1$ ⇒ l'immagine è uguale all'oggetto

**Angolo di deviazione di un prisma:** $\delta = i + u - \alpha$

dove $i$ = angolo di incidenza; $u$ = angolo di uscita; $\alpha$ = angolo di apertura

**Formula dei punti coniugati per il diottro:** $\frac{n_A}{p} + \frac{n_B}{q} = \frac{n_B - n_A}{R}$

dove $n_A$ = indice di rifrazione del primo mezzo

$n_B$ = indice di rifrazione del secondo mezzo

**Fuochi di un diottro:** $f_1 = \frac{R \cdot n_A}{n_B - n_A}$ $\quad f_2 = \frac{R \cdot n_B}{n_B - n_A}$

## Convenzioni per i diottri

- *q positivo* ⇒ l'immagine è *reale* (si trova oltre il diottro)
- *q negativo* ⇒ l'immagine è *virtuale* (si trova davanti al diottro)
    - Luce incidente sulla faccia convessa ⇒ diottro convergente ⇒ $R$ positivo
    - Luce incidente sulla faccia concava ⇒ diottro divergente ⇒ $R$ negativo
- *R positivo* ⇒ $f_1$ e $f_2$ positivi ⇒ fuochi reali
- *R negativo* ⇒ $f_1$ e $f_2$ negativi ⇒ fuochi virtuali

## Convenzioni per le lenti

- Si chiama parte reale il semispazio che si trova dall'altra parte della lente rispetto all'oggetto.
- Si chiama parte virtuale il semispazio che si trova dalla stessa parte della lente rispetto all'oggetto.
    - *q positivo* ⇒ l'immagine è *reale* (si trova oltre la lente)
    - *q negativo* ⇒ l'immagine è *virtuale* (si trova davanti alla lente)
- *p* e *q* sono concordi se oggetto e immagine sono da parti opposte
- *p* e *q* sono discordi se oggetto e immagine sono dalla stessa parte
    - Se la luce colpisce la faccia convessa, cioè per le lenti convergenti, $R$ è positivo
    - Se la luce colpisce la faccia convessa, cioè per le lenti divergenti, $R$ è negativo
- Lenti convergenti ⇒ $f$ positiva ⇒ fuochi reali
- Lenti divergenti ⇒ $f$ negativa ⇒ fuochi virtuali

## Formula dei punti coniugati per le lenti: $\frac{1}{p} + \frac{1}{q} = (n-1)\left(\frac{1}{R_1} - \frac{1}{R_2}\right)$

## Equazione dei costruttori di lenti o equazione degli ottici:

$$\frac{1}{f} = (n-1)\left(\frac{1}{R_1} - \frac{1}{R_2}\right)$$

## Ingrandimento lineare: $G = \frac{q}{p} = \frac{f}{p-f}$

- Se il rapporto di ingrandimento è positivo, $q$ e $p$ hanno lo stesso segno, l'immagine è reale, si forma oltre la lente ed è capovolta.
- Se il rapporto di ingrandimento è negativo, $q$ e $p$ hanno segno opposto, l'immagine è virtuale, si forma prima della lente ed è diritta.

## Potere convergente o potenza di una lente: $P = \frac{1}{f}$

Si misura in diottrie se $f$ è misurata in metri.

## Esempi di costruzioni grafiche di immagini con specchi e lenti

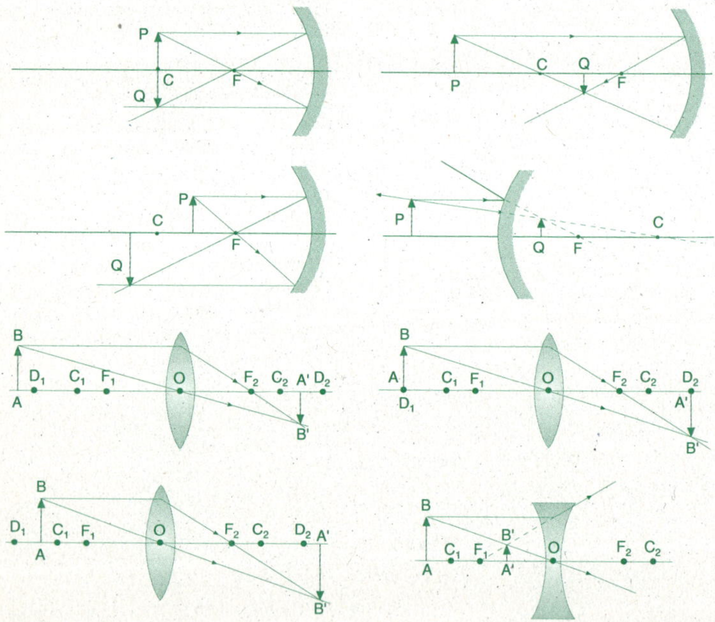

## Grandezze e unità di misura nel Sistema Internazionale e nel C.G.S.

| Grandezze | Unità nel S.I. | Dimensioni fisiche nel S.I. e nel C.G.S. | Unità nel C.G.S. |
|---|---|---|---|
| lunghezza | m (metro) | [L] | cm (centimetro) |
| massa | kg (chilogrammo) | [M] | g (grammo) |
| tempo | s (secondo) | [T] | s (secondo) |
| angolo | radiante | adimensionale | radiante |
| velocità | m/s | $[L]\,[T]^{-1}$ | cm/s |
| accelerazione | $m/s^2$ | $[L]\,[T]^{-2}$ | $cm/s^2$ |
| frequenza | Hz (hertz) | $[T]^{-1}$ | Hz (hertz) |
| forza | N (newton) | $[L]\,[M]\,[T]^{-2}$ | dina |
| momento | N · m | $[L]^2\,[M]\,[T]^{-2}$ | dina · cm |
| lavoro o energia | J (joule) | $[L]^2\,[M]\,[T]^{-2}$ | erg |
| potenza | W (watt) | $[L]^2\,[M]\,[T]^{-3}$ | erg/s |
| quantità di moto (impulso) | N · s | $[L]\,[M]\,[T]^{-1}$ | dina · s |
| densità | $kg/m^3$ | $[L]^{-3}\,[M]$ | $g/cm^3$ |
| peso specifico | $N/m^3$ | $[L]^{-2}\,[M]\,[T]^{-2}$ | $dina/cm^3$ |
| pressione | $N/m^2$ | $[L]^{-1}\,[M][T]^{-2}$ | $dina/cm^2$ |
| intensità di corrente | A (ampère) | [i] | stat A |
| carica elettrica | C (coulomb) | [T] [i] | franklin |
| potenziale elettrico | V (volt) | $[L]^2\,[M]\,[T]^{-3}\,[i]^{-1}$ | stat V |
| intensità del campo elettrico | N/C o V/m | $[L]\,[M]\,[T]^{-3}\,[i]^{-1}$ | (stat V)/m |
| capacità elettrica | F (farad) | $[L]^{-2}\,[M]^{-1}\,[T]^{4}\,[i]^{2}$ | cm |
| ε o costante dielettrica | F/m | $[L]^{-2}\,[M]^{-1}\,[T]^{4}\,[i]^{-1}$ | |
| resistenza | Ω (ohm) | $[L]^2\,[M]\,[T]^{-3}\,[i]^{-2}$ | stat Ω |
| flusso magnetico | Wb (weber) | $[L]^2\,[M]\,[T]^{-2}\,[i]^{-1}$ | stat Wb |
| induzione magnetica | T (tesla) | $[M][T]^{-2}\,[i]^{-1}$ | gauss |
| induttanza | H (henry) | $[L]^2\,[M]\,[T]^{-2}\,[i]^{-2}$ | stat H |
| permeabilità magnetica | H/m | $[L]\,[M]\,[T]^{-2}\,[i]^{-2}$ | (stat H)/m |

## Valore di alcune costanti fisiche

| Costante | Simbolo | Valore |
|---|---|---|
| Accelerazione di gravità a 45° di latitudine | $g$ | $9{,}8\ m/s^2$ |
| Costante gravitazionale | $G$ | $6{,}67 \cdot 10^{-11}\ N \cdot m^2/\cdot kg^2$ |
| Costante dei gas perfetti | $R$ | $8{,}318\ J/K \cdot mole$ |
| Numero di Avogadro | $N$ | $6{,}022 \cdot 10^{23}$ molecole/mole |
| Costante di Boltzmann | $K$ | $1{,}381 \cdot 10^{-23}\ J/K$ |
| Temperatura standard | $T_0$ | $0\ °C = 273{,}16\ K$ |
| Pressione standard | $P_0$ | $1{,}013 \cdot 10^5\ Pa$ |
| Volume della mole di un gas perfetto a $T_0$ e $P_0$ | | 22,4 litri |
| Equivalente meccanico della caloria | $J$ | 4,186 joule/calorie |
| Massa del Sole | | $1{,}99 \cdot 10^{30}\ kg$ |
| Massa della Terra | | $5{,}98 \cdot 10^{24}\ kg$ |
| Distanza Terra-Sole | | $1{,}5 \cdot 10^8\ km$ |
| Velocità della luce nel vuoto | $c$ | 300000 km/s |
| Velocità del suono nell'aria secca a 0°C | | 331,4 m/s |
| Massa a riposo dell'elettrone | $m_e$ | $9{,}1 \cdot 10^{-31}\ kg$ |
| Massa a riposo del protone | $m_p$ | $1{,}6726 \cdot 10^{-27}\ kg$ |
| Massa a riposo del neutrone | $m_n$ | $1{,}6749 \cdot 10^{-27}\ kg$ |
| Carica elementare | $e$ | $1{,}6 \cdot 10^{-19}\ C$ |
| Costante di Coulomb nel vuoto | $K_0$ | $8{,}99 \cdot 10^9\ N \cdot m^2/kg^2$ |
| Costante dielettrica del vuoto | $\varepsilon_0$ | $8{,}859 \cdot 10^{-12}$ Farad/m |
| Permeabilità magnetica del vuoto | $\mu_0$ | $12{,}56 \cdot 10^{-7}$ henry/m |
| Costante di Faraday | $F$ | 96.490 C |
| Costante di Planck | $h$ | $6{,}63 \cdot 10^{-34}\ J \cdot s$ |
| Costante di Stephan-Boltzmann | $\sigma$ | $5{,}67 \cdot 10^{-8}\ W/m^2 \cdot K^4$ |